KB201219

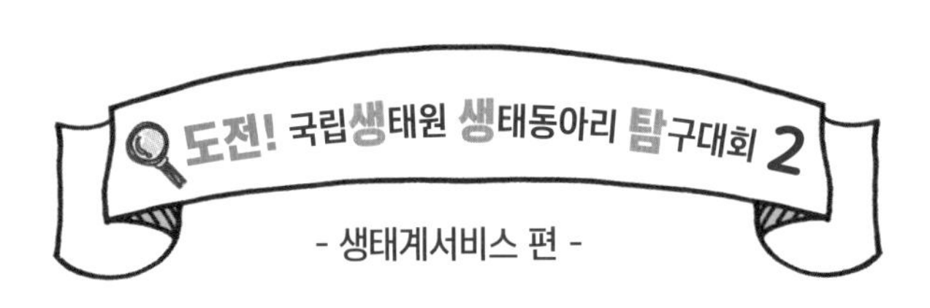

자연은 우리에게 어떤 혜택을 줄까?

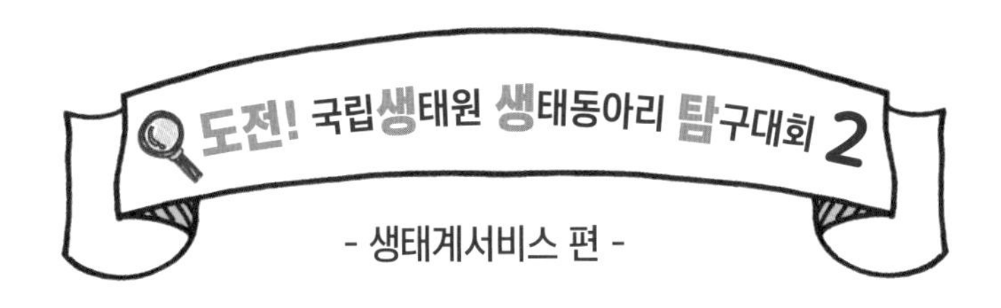

자연은 우리에게 어떤 혜택을 줄까?

국립생태원
NIE PRESS

차례

융합탐구 부문 ……

머리말

<제7회 국립생태원 생태동아리 탐구대회>를 기록하며

국립생태원에서 주최하고 환경부에서 후원하는 <제7회 국립생태원 생태동아리 탐구대회>가 2020년 10월 31일 많은 결실과 미래의 발전 가능성을 품은 채 막을 내렸습니다.

생태동아리 탐구대회는 생태와 환경에 관심을 가진 청소년과 지도교사로 구성된 동아리를 대상으로, 매년 새로운 주제로 탐구하고 결과를 발표하는 전국대회입니다. 탐구대회가 진행되는 동안 국립생태원의 생태연구 전문가와 생태·환경 교육을 담당하는 분들이 멘토단을 구성하여 함께 참여하였습니다. 그동안 전국에서 190개 동아리, 831명의 학생들이 이 대회를 거쳐 가면서 우수한 탐구 결과가 축적되어 2018년 환경부 지정 '우수 환경교육프로그램'으로 인정받았습니다.

이번 대회는 새로운 시도와 의미있는 변화가 있었습니다. 우선 디지털 환경에 익숙한 10대 청소년들의 역량과 다양한 관심사를 탐구 활동에 반영할 수 있도록 영상이나 캠페인 등 시청각 결과물로 보여주는 '융합탐구 부문'을 신설하였습니다. 또한, 탐구대회 사상 처음으로 학교 밖 청소년과 대안학교 학생 동아리가 함께 참여함으로써 서로에 대한 이해의 폭을 넓히는 계기를 마련하였습니다.

대회 운영은 코로나19 시대를 맞아 안전을 최우선으로 대면과 비대면 활동을 병행하여 탐구 활동이 이루어질 수 있도록 노력하였습니다. 발표를 소규모 대면으로 진행하고 온라인으로 실시간 생중계함으로써 현장에 함께하지 못한 가족, 친구 등 많은 사람들이 참여할 수 있도록 하였습니다. 뿐만 아니라 지난 대회에 참가했던 선배들과 온라인 화상회의를 통하여 노하우를 배우고, 멘토들과는 SNS 채널을 통하여 도움을 받았습니다. 이 모든 것은 디지털 시대를 긍정적으로 수용한 학생들의 역량과 활동이 있었기에 가능했던 일입니다.

전국에서 참여한 동아리 학생들은 '자연이 우리에게 주는 다양한 혜택(생태계서비스)을 탐구하고 가치 있게 누리는 방법'이란 주제로 4개월 간 탐구 활동을 진행하였습니다. 그 결과를 책으로 엮어 미래 인재인 여러분께 공유하고자 합니다.

자연이 우리에게 주는 다양한 혜택에 관하여 현장 조사와 실험을 통해 실증적으로 탐구하고자 노력한 학생들의 열정 어린 탐구 결과가 자랑스럽습니다. 이 책을 읽는 여러분에게도 자연이 나와 주변 사람들에게 어떠한 영향을 미치고 있는지, 그리고 자연과 인간이 조화롭게 살아간다는 것이 어떠한 것인지 생각해 보는 계기가 되기를 바랍니다.

고맙습니다.

2021년 여름

국립생태원장 박용목

제7회 국립생태원 생태동아리 탐구대회

운영 개요

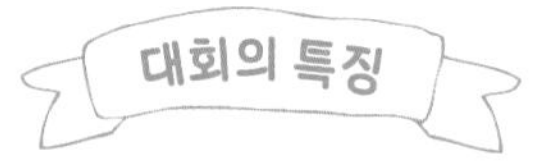

- 탐구대회 참여를 통해 청소년들의 생태 탐구에 대한 관심을 유도하고 생태적 소양을 함양한 미래 생태 분야의 인재를 육성합니다.
- '자연이 우리에게 주는 다양한 혜택(생태계서비스)을 탐구하고 가치 있게 누리는 방법'을 주제로 탐구대회를 개최함으로써 지역에 대한 관심 제고 및 탐구 기회를 제공합니다.
- 경쟁 중심의 경진대회와는 차별화된 교육 구현으로 생물다양성과 생태보전에 대한 관심을 제고합니다.

대회 연혁

연도	대회명	주제
2014년	제1회 국립생태원 생태 환경(동아리)탐구 발표대회	개미의 생태
2015년	제2회 국립생태원 생태 환경(동아리)탐구 발표대회	개미와 벌에 대한 융합적 탐구
2016년	제3회 국립생태원 생태 환경(동아리)탐구 발표대회	양서 파충류의 생태에 대한 융합적 탐구
2017년	제4회 국립생태원 생태 환경(동아리)탐구 발표대회	딱정벌레목에 대한 융합적 탐구
2018년	제5회 국립생태원 생태동아리 탐구대회	기후변화가 우리 지역의 생태계와 지속가능성에 미치는 영향
2019년	제6회 국립생태원 생태동아리 탐구대회	외래생물과 유전자변형 생물체가 우리 생활과 생태계 안전에 미치는 영향
2020년	제7회 국립생태원 생태동아리 탐구대회	자연이 우리에게 주는 다양한 혜택(생태계서비스)을 탐구하고 가치 있게 누리는 방법

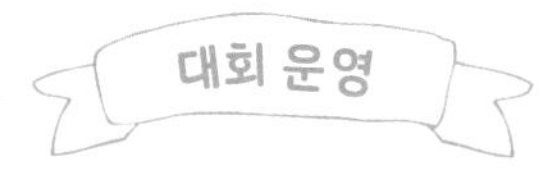

대회의 주요 흐름은 다음과 같습니다.

탐구 계획서 접수

↓

계획서 서면평가를 통한 선발

↓

선정된 팀에 대한 지원금 지급

↓

탐구 진행 멘토링

↓

중간보고서 평가(평가를 거쳐 중간 탈락 가능)

↓

워크숍 : 활동 공유, 최종 성과물 정리 안내

↓

최종 대회 : 과정 및 결과 공유, 시상식 진행

2020년 대회 운영 결과

<table>
<tr><th>대회명</th><th colspan="3">제7회 생태동아리 탐구대회</th></tr>
<tr><td>주제</td><td colspan="3">자연이 우리에게 주는 다양한 혜택(생태계서비스)을 탐구하고 가치 있게 누리는 방법</td></tr>
<tr><td>공고 기간</td><td colspan="3">2020. 06. 29. (월) ~ 07. 17. (금)</td></tr>
<tr><td>수행 기간</td><td colspan="3">2020. 07. 23. (목) ~ 10. 31. (토)</td></tr>
<tr><td>워크숍</td><td colspan="3">생태탐구 부문 : 2020. 07. 25. (토) I 융합탐구 부문 : 2020. 07. 26. (일)</td></tr>
<tr><td>온라인교류회
(선배와의 만남)</td><td colspan="3">2020. 08. 30. (일)</td></tr>
<tr><td>최종 발표</td><td colspan="3">2020. 10. 31. (토)</td></tr>
<tr><td rowspan="3">참가 인원</td><td></td><td>생태탐구 부문</td><td>융합탐구 부문</td></tr>
<tr><td>팀</td><td>7팀</td><td>10팀</td></tr>
<tr><td>인원</td><td>34명</td><td>45명</td></tr>
</table>

ECO

1장

탐구 주제 알아보기

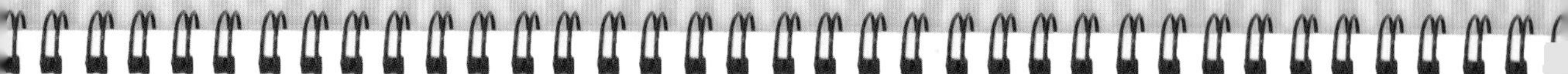

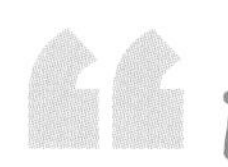

자연이 우리에게 주는 다양한 혜택(생태계서비스)을 탐구하고 문화예술·사회·과학·경제 등 다양한 분야에서 자연을 가치 있게 누리는 방법을 제안해 주세요.

<제7회 국립생태원 생태동아리 탐구대회>는 과학적 지식과 인문적 감성을 융합한 창의적인 탐구 활동이 가능한 '생태계서비스'를 주제로 선정했습니다. 이를 통해 디지털 세대를 대표하는 10대 청소년들이 자연을 이해하는 방식을 자유롭게 표현하고, 여러분이 꿈꾸는 '자연과 인간이 지속가능한 미래'를 공유하는 장이 되기를 기대하는 마음으로 선정한 주제입니다.
대회의 주제인 생태계서비스가 무엇인지, 우리가 알아야 할 필요가 무엇인지 함께 살펴봅시다.

자연은 우리에게 무궁한 혜택을 줍니다

자연이 사람에게 주는 다양한 혜택을 우리는 생태계서비스라고 합니다. 생태계서비스는 맑은 물, 깨끗한 공기, 집을 지을 수 있는 목재, 쌀·콩·열매 등 먹거리, 병을 치료할 수 있는 약초뿐만 아니라 자연 속에서 휴식하고 예술적 영감을 얻는 활동까지를 모두 포함하는 매우 포괄적인 개념입니다.

생태계서비스의 가치를 어떻게 체감할 수 있을까요?

생물다양성 감소와 생태계 훼손은 인류 복지에 밀접하게 영향을 미친다고 합니다. 실제로 우리는 생물다양성 감소와 기후변화로 인한 심각한 문제에 대한 다양한 정보를 접하고 있지만, 이로 인한 피해가 얼마나 우리에게 영향을 미치고 있는지는 쉽게 체감하지 못합니다.

'얼마만큼' 영향을 미치고 있는지를 수치로 나타내거나 시각화하여 보여줄 수 있다면, 사람들은 자연의 중요성을 좀 더 쉽게 이해할 것입니다. 2011년 〈저탄소 녹색성장형 도시공원 조성 및 관리운영 전략 정책 연구〉에 의하면, 당시 전국 도시공원의 사용가치를 25,616원/㎡, 보전가치를 4,080원/㎡로 보고 전국 도시공원의 사용가치를 면적대비 약 12조억 원으로, 보전가치를 약 2조억 원으로 평가했습니다. 이처럼 우리가 누리는 자연의 혜택을 경제적 수치 제시 및 시각적으로 보여 주어 사람들에게 자연의 '중요성(가치)'을 과학적으로 설명하는 데 생태계서비스는 아주 유용한 도구입니다.

생태복지에 대한 관심이 높아짐에 따라 생태계와 생물다양성 보전을 위한 국토의 통합관리, 정책의사결정, 효과적 자원 이용방안이 필요해졌습니다. 이를 위해 국내외로 생태계의 가치를 평가하고 정책화하려는 연구가 활발하게 진행되고 있습니다. 국립생태원은 생태계서비스의 개념을 국민에게 알리고, 우리나라 생태계서비스의 평가지표 설정 및 매뉴얼 개발과 생태계서비스지불제 계약 등 정책활용에 역할을 수행하고 있습니다.

생태계서비스는 매우 다양합니다

생태계서비스는 생태계로부터 우리 인간이 받는 혜택으로 그 특징에 따라 공급서비스, 조절서비스, 문화서비스, 지지서비스의 4가지로 구분됩니다.

공급서비스

먹거리

물

원자재

의약자원

조절서비스

대기질 조절

수질 정화

기후 조절

자연재해 조절

수분

문화서비스

경관미

관광

교육과 예술적 영감

휴식과 건강

지지서비스

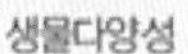
생물다양성

서식지 제공

생태계서비스의 구분과 종류

자연을 통해서 직접적으로 얻는 식량, 용수, 목재, 의약자원 등은 공급서비스라고 부릅니다. 생태계 조절 과정에서 발생하는 대기질조절, 수질조절, 기후조절, 침식방지, 식물 수분 등은 조절서비스라고 합니다. 아름다운 경관, 자연 속 명상, 자연 체험학습, 생태관광, 레크레이션 등은 문화서비스에 속하며, 이런 3가지 서비스 기능이 유지될 수 있도록 받쳐주는 생물다양성과 서식처 등은 지지서비스라고 부릅니다.

사람마다 원하는 생태계서비스가 다릅니다

대도시 주민들은 마스크를 착용하고 미세먼지 경보를 자주 확인합니다. 산촌지역 사람들은 숲을 일부 개간해서라도 농지나 도로를 건설하기를 원하지만, 공해를 우려하는 산업단지 주변의 사람들은 공기정화나 미관상의 이유로 공원이나 가로수가 좀 더 조성되기를 바랍니다. 또한 같은 지역에 살더라도 나무를 더 심어 달라는 요청도 있고, 녹지를 주차장으로 바꿔 달라는 요청도 있습니다. 이처럼 거주하는 지역의 환경적 특성에 따라 혹은 이해당사자 간 선호에 따라 생태계서비스의 수요는 다르게 나타납니다.

ECO

탐구 활동 보기

생태탐구 부문
7개 팀

학교 앞 가로수의 생태계 서비스 가치 탐구

Win2Up2

팀원 영중초 김세인, 김영준, 윤예담, 윤예준

지도교사 양혜민

주제 정하기

위이잉~
저기 봐!
나무를 왜 자르지?
안 돼! 저 나무는
'나무 입양'
활동 때 입양한
우리 가족인데!
나무도
소중한
생명인데
….
나무를 다
없애는 거야?

학교 앞에 가로수들이 없어지는 게
너무 서운해.
맞아.
가로수가 우리한테
주는 게 얼마나
많은데!
가로수가
우리에게 주는 것?
그래.
우리가 가로수의 생태계서비스에
대해 탐구해 보자!

계획하기

탐구의 범위와 방법은 어떻게 접근하는 게 좋을까?

탐구를 시작하기에 앞서 초등학생인 우리가 실제로 할 수 있는 것과 없는 것을 구분하는 것이 고민이었습니다. 탐구할 가로수의 범위는 어떻게 잡아야 하고, 무엇을 중점으로 탐구해야 하는지가 궁금했습니다. 그래서 우리는 동아리 연수회에서 만난 멘토 선생님께 도움을 요청했습니다.

초등학생들의 탐구이므로 과학적 과정을 거치되 너무 전문적이거나 많은 대상을 탐구하는 것은 어려울 수 있습니다. 그러므로 학교 앞 가로수에 적합한 나무 종류, 녹지, 숲 등의 생태계 유형별로 발생하는 생태계서비스를 정리하여 비교·탐구하는 것이 좋겠습니다. 과학적 탐구를 통해 학교 앞 가로수의 장단점을 찾고 개선 방향을 제안하는 것도 가능할 것입니다.

멘토 tip!

우리 학교 앞의 보도 폭은 3m 이하이므로 우리는 교목과 관목, 풀 등으로 이루어진 1m 이내의 띠녹지 조성 방법을 탐구하기로 했습니다.

보도에 풀과 나무를 함께 심어 녹지로 바꾸면, 기온 저감 효과뿐만 아니라, '생물다양성'을 증진하는 데 큰 효과가 있다고 합니다. 이 점에 중점을 두어 생태계서비스의 기반이 되는 '생물다양성'에 대한 탐구를 진행하기로 했습니다.

탐구 과정·결과 정리하기

활동 1 | 소중한 학교 숲의 혜택 탐구하기

- 탐구 일정 : 2020. 08. 12. (수) 14시~18시
- 탐구 장소 : 영중초등학교 안에 조성되어 있는 화단 및 녹지
- 탐구 이유 : 가로수를 가로녹지로 조성했을 때 만날 수 있는 생물을 알아보기로 했습니다. 학교 밖의 가로수 환경과 학교 안의 숲 환경이 비교적 일치할 것이므로 학교 안에 조성되어 있는 숲을 탐구했습니다.
- 탐구 내용 : 학교 숲에 있는 나무, 풀, 작은 동물 등을 조사했습니다.

다 같이 탐구 활동을 마친 후에 세인이와 영준이는 학교 숲의 탐구 결과를 동영상으로 제작하고 편집하는 일을 맡았습니다. 예담이와 예준이는 우리 영중초등학교 학생들을 대상으로 학교 숲의 가치와 혜택을 홍보하는 안내문을 만들었습니다.

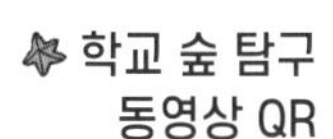

학교 숲 탐구 동영상 QR

"영중초등학교의 나무를 세어본 결과, 약 200그루에 달했으며, 이것은 14만 4,000시간의 공기청정기 정화량과 동일하고, 이를 통해 연간 228만원의 전기요금을 절약하는 효과가 있을 것으로 예상됩니다."

학교 숲 홍보 안내문

활동 2	가로수의 생태계서비스 탐구하기

1) 조절서비스

- 탐구 일정 : 2020년 8월 매주 토요일. 14시~18시
- 탐구 장소 : 학교 앞 도로와 인도에 있는 가로수, 인근의 가로녹지
- 탐구 이유 : 가로수와 가로녹지가 인근 생태계에 끼치는 영향을 알아보기 위해 기구로 측정해서 수치를 비교해 보기로 했습니다.
- 탐구 내용 : 가로수와 가로녹지의 온도(℃), 풍량(m/s), 소음(dB), 미세먼지(㎍/㎥) 등을 측정했습니다.
- 측정 기구 : 복합가스 측정기(CO_2, CO, O_2, H_2S), 풍량 측정기, 소음 측정기, 적외선 온도계, 미세먼지 측정기를 사용했습니다.

복합가스 측정기

풍량 측정기

소음 측정기

적외선 온도계

- 측정 방법 : 각 3회씩 측정 후, 평균값을 산출해 그래프로 나타냈습니다.

실험 장소의 외부 요인에 따라 측정 결과는 달라질 수 있습니다. 따라서 여러 번 측정 후에 평균값을 기록하는 것이 좋습니다. 또한 기온과 교통량에 따라서 평가항목의 값이 달라질 수 있으므로 실험 날짜와 시간을 정확히 기록하는 것이 필요합니다. 여러분이 측정한 수치와 함께 실제 관측자료(우리 동네 대기 정보 어플 등) 결과도 함께 제시해 주는 것이 좋습니다.

측정 결과

가로수 아래의 온도는 도로 위보다 0.5~2.0℃ 낮았고, 기상청의 현재 기온보다는 0.2~1.5℃ 낮았습니다. 가로수인 은행나무가 너무 앙상해서 온도 조절 효과를 크게 기대하지 않았음에도 불구하고 가로수의 온도 조절 역할을 확인할 수 있었습니다.

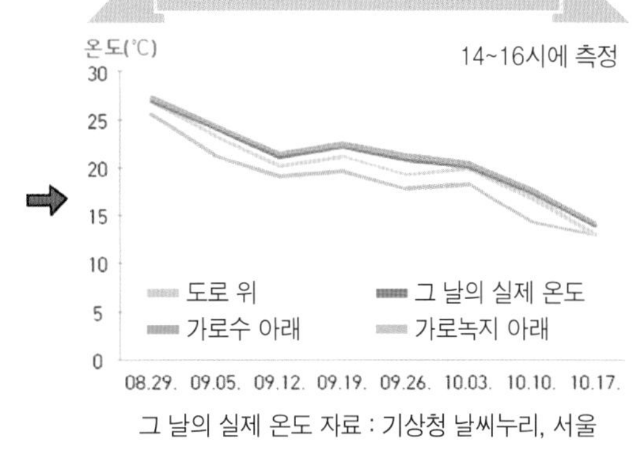

그 날의 실제 온도 자료 : 기상청 날씨누리, 서울

가로수와 가로녹지 아래에서 측정한 미세먼지 수치가 횡단보도 위에서 측정한 미세먼지 수치보다 0~4㎍/㎥ 낮아서 가로수와 가로녹지의 미세먼지 조절 역할을 확인할 수 있었습니다. 또한 미세먼지 알리미 어플로 확인한 그 날의 영등포구 평균 미세먼지 수치보다 도로가 있는 학교 앞의 미세먼지 수치가 더 높다는 것이 놀라웠습니다.

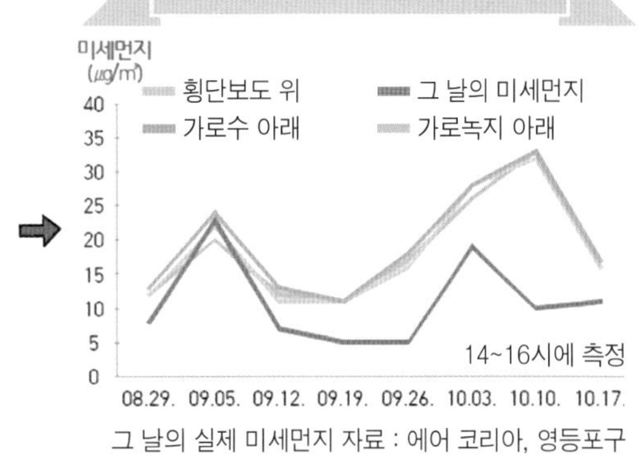

그 날의 실제 미세먼지 자료 : 에어 코리아, 영등포구

도로 위에서 '승용차(택시)'가 달릴 때의 풍량을 측정해 수치를 비교했습니다. 가로수는 0.5~1.4m/s, 가로녹지는 0.6~1.5m/s 정도로 풍량을 줄이는 조절 역할을 했습니다.

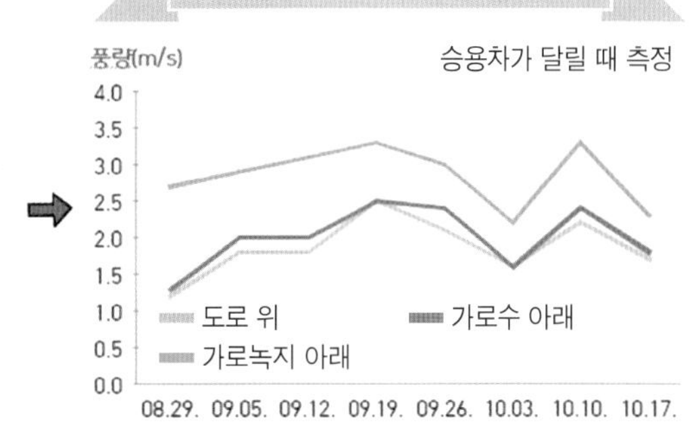

도로 위에서 '승용차(택시)'가 달릴 때의 소음을 측정해 수치를 비교했습니다. 가로수는 3~13dB, 가로녹지는 1~20dB의 소음을 줄이는 조절 역할을 했습니다.

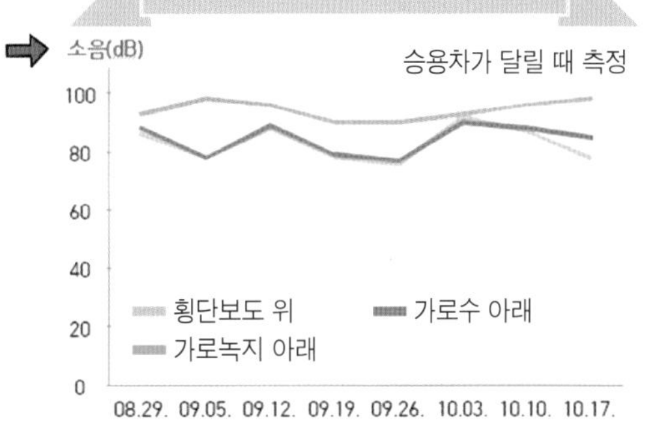

2) 지지서비스

(1) 가로수와 가로녹지 토양의 생물다양성 탐구

- 탐구 일정 : 2020년 9월 셋째 주~10월 첫째 주
- 탐구 장소 : 세인이와 영준이의 집 근처인 노량진, 노들섬공원 일대의 가로수와 가로녹지, 예준이와 예담이의 집 근처인 영등포, 여의도공원 일대의 가로수와 가로녹지
- 탐구 준비물 : 10cm×10cm 측정판, 전자저울, 수조, 모종삽, 호미, 나무젓가락, 흰종이 등
- 탐구 방법 : ① 가로 10cm, 세로 10cm, 깊이 10cm로 가로수와 가로녹지 아래의 흙을 파냅니다.
  ② 파낸 흙의 무게를 측정합니다.
  ③ 파낸 흙 속의 구성물을 분류합니다.
  ④ 가로수와 가로녹지의 흙 속과 밖에 서식하는 생물을 기록합니다.

흙 속의 구성물 분류

가로수와 가로녹지 토양에는 다양한 생물들이 서식하고 있었습니다. 표에서 괄호 안의 숫자는 우리가 발견한 생물의 수입니다.

탐구 장소	탐구 일정	흙의 채취 위치	흙의 무게 (구성물포함)	흙 속에 사는 생물(개체수)	흙 밖에 사는 생물(개체수)
동작구 노량진 일대	9월 셋째 주	가로수	6.93kg	개미(2)	땅강아지(1), 하루살이(1)
		가로녹지	7.22kg	지렁이(7), 애벌레(3), 딱정벌레(1)	메뚜기(2), 나비(6), 모기(많음), 거미(2)
영등포구 영등포 일대	9월 셋째 주	가로수	6.87kg	개미(1)	벌(2), 하루살이(1)
		가로녹지	7.14kg	지렁이(8), 애벌레(2)	나비(5), 모기(있음), 벌(2), 거미(1), 날파리(있음)
영등포구 여의도공원 일대	10월 첫째 주	가로수	7.92kg	개미(2)	하루살이(2)
		가로녹지	8.84kg	개미(4), 애벌레(2)	메뚜기(1), 잠자리(2), 모기(있음), 파리(있음), 거미(5), 진딧물(많음), 무당벌레(1), 나비(2), 벌(3)
동작구 노들섬공원 일대	10월 첫째 주	가로수	6.91kg	없음	없음
		가로녹지	7.17kg	애벌레(4), 개미(10)	나비(2), 벌(2), 거미(1), 작은 새(2)

(2) 가로수와 가로녹지 토양의 물 빠짐 속도 및 부식물 탐구

- 탐구 일정 : 2020. 09. 23. (수). 14시~16시
- 탐구 장소 : 학교 운동장, 학교 앞 가로수, 영등포 일대 가로녹지, 학교 실험실
- 탐구 준비물 : 탐구 장소에서 채취한 흙, 물 빠짐 장치, 거즈, 비커, 돋보기, 거름종이 등
- 탐구 방법 :
  ① 각각의 탐구 장소에서 흙을 채취하여 돋보기로 관찰합니다.
  ② 각각의 흙에 물 빠짐 장치를 설치하고, 같은 양의 물을 부었을 때 물이 빠지는 속도를 비교합니다.
  ③ 비커에 같은 양의 흙과 물을 넣고, 부식물을 관찰·비교합니다.

장치를 이용한 물 빠짐 속도 실험

❀ 산성도 비교 실험

탐구 결과 가로수와 가로녹지의 흙에서 물 빠짐 속도가 느린 것을 확인할 수 있었습니다.

	운동장 흙	가로수 흙	가로녹지 흙
색깔	연한색	조금 진한색	진한색
촉감	까끌함	까끌함+보들함	보들함
구성물	작은 돌이 섞임	작은 돌과 부식물이 섞임	작은 돌과 부식물, 작은 생물(지렁이, 애벌레)이 섞임
물 빠짐 속도	빠름	느림	보통
부식물	거의 없음	조금 있음	많음

(3) 가로수와 가로녹지 토양의 산성도 탐구

- 탐구 일정 : 2020. 10. 17. (토). 14시~16시
- 탐구 장소 : 노량진 일대 가로수, 가로녹지
- 탐구 준비물 : 탐구 장소에서 채취한 흙, 투명 플라스틱 컵, 계량 컵, pH시험지, 물 등
- 탐구 방법 : ① 가로수와 가로녹지의 겉 흙과 속 흙을 채취합니다.
  ② 각각의 채취한 흙에 같은 양의 물을 넣습니다.
  ③ 흙 속에 pH시험지를 담궜다가 꺼내 산성도를 측정·비교합니다.

가로수의 흙은 약한 산성을 띠고, 가로녹지의 흙은 약한 염기성을 띠는 것을 알 수 있었습니다.

	가로수 겉흙	가로수 속흙	가로녹지 겉흙	가로녹지 속흙	물
pH	약 6	약 6	약 8	약 8	약 7

활동 3 | **가로수의 우산서비스 탐구하기**

1) 우산서비스 발견

✓ 탐구 일정 : 2020년 8월 넷째 주

✓ 탐구 배경 : 노량진 일대의 가로수와 가로녹지를 조사하던 중 갑자기 비를 만났습니다. 황급히 비를 피해 달리던 중, 우리가 너무나 자연스럽게도 가로수 아래만 찾아서 달리고 있다는 사실을 알았습니다.

빗방울의 양 비교 실험

✓ 탐구 방법 : 가방에 있던 A4용지 2장을 꺼내 가로수 아래와 밖에서 각각 1분 동안 빗방울이 떨어지는 양을 관찰했습니다.

가로수 밖보다 아래에서 떨어진 빗방울의 양이 적은 것을 확인할 수 있었습니다. 우리는 우산서비스에 대해 더 알아보기 위해 멘토 선생님께 도움을 청했습니다.

멘토 tip!

보다 정확한 측정 방법을 추천합니다. 같은 넓이의 넓은 깔때기를 페트병에 끼우고 동일한 시간 동안 떨어지는 빗물을 모아서 메스실린더로 비교하면 물의 양을 측정할 수 있습니다.

2) 우산서비스 탐구

✓ **탐구 일정 :** 2020년 9월 중 비온 날

✓ **탐구 방법 :** ① 멘토 선생님께서 알려 주신 내용에 따라 빗물을 모을 수 있는 깔때기를 제작합니다.

깔때기로 빗물 모으기

② 비가 오는 날, 녹량의 위치(피복도)에 따라 나무가 없는 곳(기준)과 녹량이 다른 3곳 아래에 깔때기를 놓고 일정 시간(30분) 동안 빗물을 모읍니다.

③ 나무가 없는 곳을 기준으로 녹량에 따른 빗물의 양을 비교합니다.

④ 강수량이 다른 날 다시 측정하여, 강수량에 따른 우산서비스의 효과를 비교합니다.

탐구 결과

총 4차에 걸친 탐구 결과, 녹량이 많은 곳에서 빗물이 적게 모인 것을 수치로 확인했습니다.

		1차 탐구 9.11(금)	2차 탐구 9.12(토)	3차 탐구 9.30(수)	4차 탐구 10.01(목)
일강수량		1.2mm, 보슬비	5.7mm, 소나기	38.3mm, 보통비	10mm, 강한 소나기
나무 없는 곳 (기준)		2.0mL	152mL	125mL	155mL
녹량	적은 곳	1.5mL (25% 감소)	126mL (약 17% 감소)	100mL (약 20% 감소)	150mL (약 3% 감소)
	보통	1.0mL (50% 감소)	105mL (약 31% 감소)	80mL (약 36% 감소)	127mL (약 18% 감소)
	많은 곳	0.1mL (95% 감소)	80mL (약 47% 감소)	62mL (약 50% 감소)	126mL (약 19% 감소)

가로수의 우산서비스 효과

100
80
60
40
20
0
보슬비 보통비 소나기 강한소나기
나무 없는 곳 녹량 적은 곳
녹량 보통 녹량 많은 곳

활동 4 | 가로수 생태계서비스 증진 방법 탐구

1) 가로녹지가 잘 조성된 곳의 관목 및 초본의 종류 관찰 탐구

✓ **탐구 일정 :** 2020년 8월 4주~9월 4주

〈8월 4주 노량진 일대〉 〈9월 1주 영등포 일대〉 〈9월 2주 여의도공원 일대〉 〈9월 3주 노들섬공원 일대〉

가로녹지 관찰 탐구

✓ 탐구 장소 : 노량진 일대, 영등포 일대

보도 폭의 너비에 따라 주로 2단 또는 3단 구조로 가로녹지가 조성된 곳이 많았습니다. 가로수보다 가로녹지에서 다양한 식물을 확인할 수 있었습니다. 식물은 작은 동물들의 서식지가 되므로, 작은 동물의 다양성도 증가할 것입니다. 따라서 가로녹지는 주변의 도심공원, 아파트 화단 등과 연결되어 단절된 생태계와의 징검다리 역할을 할 것입니다.

2) 학교 앞 가로녹지의 구조 제안

① 우리 학교 앞은 보도 폭 3m 이하에 해당하므로, 최대 1m 이하의 가로녹지를 제안합니다.

② 3단 구조로 최하단에 '초본'을 식재하는 경우, 쓰레기 투기를 유인할 수 있고, 초화의 대다수가 한해살이기 때문에 초가을에 시들어버려 경관을 저해하며, 계절에 따라 녹량증진의 격차가 심할 수 있습니다. 따라서 '관목+은행나무'의 2단 구조를 제안합니다.

③ 관목은 쓰레기 투기를 예방하고 청소를 쉽게 할 수 있도록 지면으로부터 40~50cm 높이에서 잎이 시작하도록 합니다. 또한 안전을 위해 도로 쪽에서 학생들의 머리가 보이는 높이여야 합니다. 학교 앞의 특성을 고려해 학생들의 창의력 증진, 교육적 영감을 끌어낼 수 있는 다양한 종류로 구성하면 좋을 것입니다.

느낀 점 나누기

Win2Up2

<나의 슬기로운 탐구 생활>

생태 탐구 동아리 덕분에 코로나 19를 슬기롭게 헤쳐 나가고 있는 것 같다. 국립생태원 워크샵도 좋았고 생태계 서비스에 대해 탐구활동을 통해 알게된 점이 많았고 자연을 대하는 태도도 달라졌다. 그리고 과학적으로 증명하기 위한 방법을 팀원들과 함께 고민하고 탐구하니 더 재미있었고 선생님이 어려운 것이 있을 때, 궁금한 점이 있을 때 친절하고 정확하게 알려주셔서 좋았다.

앞으로도 탐구를 열심히해서 가로수와 인간이 서로 좋고 같이 성장하면 좋겠다!!! 우리는 지금도 실험 중이다.

윤예담

Win^2 Up^2

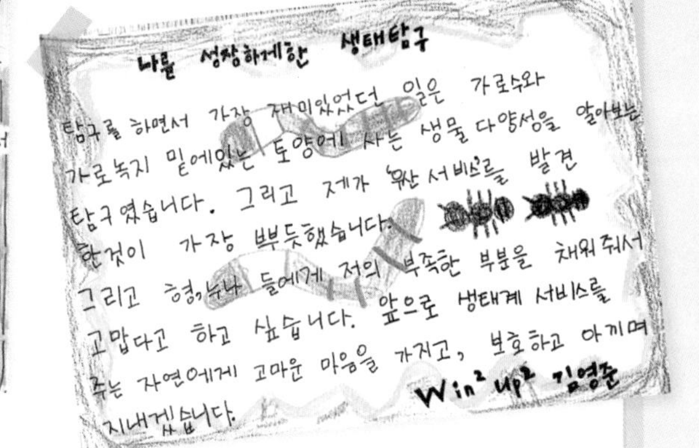

나를 성장하게한 생태탐구

탐구를 하면서 가장 재미있었던 일은 가로수와 가로녹지 밑에있는 토양에 사는 생물 다양성을 알아보는 탐구였습니다. 그리고 제가 우산 서비스를 발견 한것이 가장 뿌듯했습니다. 그리고 형,누나 들에게 저의 부족한 부분을 채워줘서 고맙다고 하고 싶습니다. 앞으로 생태계 서비스를 주는 자연에게 고마운 마음을 가지고, 보호하고 아끼며 지내겠습니다.

Win^2 up^2 김영준

나는 학교 앞 가로수가 잘려 나간 후부터 가로수에 대해 관심을 가지게 되었고 생태계 서비스에 대해 알게 되었다. 그동안 우리는 학교 갈 땐 함께 모이고, 거리두기 할 땐 두 팀으로 나누어 가로수와 가로녹지에 대해 알아가고 조사하며 공부했고 많은 실험을 했다. 그 중 가장 기억에 남는 실험은 가로수 흙과 가로숲 흙을 비교하는 실험과 우산 서비스를 하기 위해 했던 빗물 비교 실험이 가장 기억에 남는다. 생태탐구를 하고 나서부터 길가에 나무만 보면 관찰하고 사진을 찍고 쓰레기를 찾고, 힘나는 말을 하게 됐다. 만약에 우리의 탐구로 학교 앞에 가로녹지가 조성되는 일이 생긴다면 상상만해도 기적 같겠다. 잘려나간 플라타너스 아름이에게 미안하지 않게 은행나무 은이를 잘 가꾸어 우리와 오랫동안 같이 살면서 나의 이야기를 들어주는 친구가 되었으면 좋겠다.

Win^2 & Up^2 윤예준

가로수가 주는 생태계 서비스를 실험해본다는 생각은 해본 적이 없었는데, 가로수가 주는 생태계 서비스들을 과학적으로 탐구해보니 즐거웠다 그 중에서 가장 기억에 남는 탐구는 생물다양성을 관찰하는 탐구인데, 지렁이가 꿈틀거리는 모습이 아직까지도 기억에 남는다 또 학교숲을 관찰하는 활동을 하고 나서 우리 학교 숲에 약 200그루라는 많은 양의 나무들이 있다는 것을 알게 되었고, 우리 집 근처의 공원에는 얼마나 많은 양의 나무들이 있을지 궁금해졌다 이 탐구를 하며 가로수가 우리에게 '우산 서비스'라는 것도 제공한다는 것을 알게 되었다. 또한 길가를 걸을 때나 차를 타고 갈 때면 주위의 가로수들을 보는 게 습관이 되었고, 가로수들에게 고마운 마음을 가지게 되었다. 그동안 가로수들을 보면 비좁은 땅 안에 갇혀 있는 것 같아 미안하고 안쓰러웠는데, 가로녹지로 바꾸어달라는 우리의 의견이 받아들여지면 좋겠다

Win2&Up2 김세인

참고문헌

- 정희은·한봉호·곽정인, 『서울 도심 가로수 및 가로녹지의 기온 저감 효과와 기능 향상 연구』, 한국조경학회지, 43(4): 37~49쪽, 2015.
- 김은범, 『열섬현상을 고려한 가로녹지의 적정 수종 선정 연구: 서초구의 대표 가로수종을 중심으로』, 단국대학교 대학원 석사학위논문, 2014.
- 김도희, 『도시환경 개선을 위한 가로환경 식생복원모델 연구; 서울시의 띠녹지를 중심으로』, 단국대학교 대학원 박사학위논문, 2013.
- 한봉호·곽정인·김홍순, 『가로녹지 조성 및 관리를 위한 가로환경 영향요인 분석 연구: 서울시 관리도로를 대상으로』, 한국환경생태학회지, 27(2): 253~265쪽, 2013.
- 변혜옥·한봉호·기경석·정진미, 『서울시 가로경관 특성화 및 녹량증진을 위한 가로녹지 개선 방안』, 한국조경학회지, 40(6): 35~46쪽, 2012.
- 이지영, 『가로수 가치 추정 기초 연구: 서울시 노원구를 대상으로. 서울대학교 대학원 석사학위논문』, 2014.
- 환경부 국립생물자원관, 『생물다양성 QR코드_식물편』, 환경부, 2017.

참고사이트

- 산림청 | 영등포구청 | 해본사람들 | 국가생물다양성정보공유체계 | 서울열린데이터광장 | www.forest.go.kr | www.ydp.go.kr | www.haebonpeople.com | http://www.kbr.go.kr/ | https://data.seoul.go.kr

'Win2Up2' 팀을 향한 박사님의 총평!

검토자 소속: 국립생태원 생태계서비스팀

검토자 성명: 김일권

학생들의 시각에서 가로수가 우리에게 주는 혜택들이 무엇인지 스스로 고민한 탐구 과정은 훌륭한 생태계서비스 접근법입니다. 특히 가로수의 생태계서비스를 생물 서식 공간과 물빠짐 속도 완화, 우산서비스 등으로 구분하고 다양한 과학적 분석 방법을 이용하여 실제적으로 탐구한 부분이 인상 깊었습니다.

이러한 탐구 과정을 통해서 초등학생들에게 다소 생소할 수 있는 생태계서비스에 대한 개념들이 잘 정리된 느낌을 받았고, 저 또한 학생들이 흥미를 가질 수 있는 다양한 연구 방법을 경험해 보는 기회가 되었습니다.

탐구 결과를 이용하여 생태계서비스 증진 방안을 정리하고, 탐구 내용을 동영상과 홍보문으로 만든 것은 학생들 스스로 탐구 과정에서 경험한 보람과 가치를 다른 친구들과 공유하는 좋은 방법이라 생각됩니다.

학생들의 말처럼 자연을 대하는 태도가 달라지고, 보호하고 아끼려 하며, 친구로 생각하고, 고마움과 미안함을 느끼는 마음들이 시간이 지나서도 지속되었으면 좋겠습니다.

도심 속 굴포천 복개 구간의 복원 필요성 탐구

대상 에버그린

팀원 부원여중 김연우, 부원여중 이예지, 부원여중 안지윤, 부평서여중 노해린

지도교사 신말순

주제 정하기

너무 더워!
주차장이 시멘트라서 더 더운 것 같아.
여기도 원래는 굴포천이었다는데 …….
맞아. 하천을 덮어서 주차장으로 만든 거래.

하천에 물이 흐르니까 훨씬 시원한 것 같지 않아?
응. 아까 주차장도 다시 하천으로 만들면 좋겠다.
그래. 우리가 굴포천을 복원했을 때 얻을 수 있는 생태계서비스에 대해 탐구해 보자!
맞아. 그러면 굴포천 주변이 더 좋아지지 않을까?

계획하기

우리는 생태계서비스 중 조절서비스에 해당하는 기후조절 현상에 관심을 가졌습니다. 굴포천의 이미 복원된 구간과 복원되지 않은 복개 구간을 탐방하며, 수질, 도심의 온도, 바람 등을 비교 측정해 보기로 했습니다.

탐구를 위한 조사 지점을 선정한 후에 선정한 이유를 보고서에 정리하면 탐구의 의도를 더 잘 전달할 수 있습니다. 그리고 조사 지점의 측정 시간과 조건은 동일해야 합니다. 또 측정 도구가 정확히 작동하는지도 측정 전 미리 확인하기 바랍니다. 아침, 오후, 야간으로 나누어 세 번 측정하는 것도 좋겠습니다.

멘토 tip!

도시에 숲과 하천이 많을수록 온난화 현상이 감소한다는 점을 알아보고, 이로 인해 도시 열섬 현상을 줄인다는 사실도 알아보기로 했습니다.

우리 지역의 조사와 함께 국내외 다른 지역의 우수 사례를 찾아보는 것도 도움이 될 것입니다.

멘토 tip!

굴포천이 복원된 구간의 생물다양성을 조사하고 탐구하기로 했습니다.

- 탐구 결과를 설명하기 전에 탐구 용어에 대한 설명을 먼저 해 주면 표를 이해하는 데 도움이 될 것입니다.
- 각각의 장소에서 탐구 내용을 관측할 때는 같은 날일지라도 기후와 수질 특성, 주변 여건의 차이로 인하여 결과값이 다를 수 있습니다. 비교 항목을 명확하게 설정하고, 목적에 맞게 비교 횟수를 정하면 더욱 과학적인 결과를 얻을 수 있습니다.

용어 정리

DO(Dissolved Oxygen)

용존 산소량을 말합니다. 물속에 포함된 산소량을 나타내며 수질 오염의 지표로 사용됩니다. 하천수의 DO는 5ppm 이상일 때 보통이며 숫자가 클수록 수질이 좋음입니다.

COD(Chemical Oxygen Demand)

화학적 산소 소비량 또는 화학적 산소요구량을 말합니다. ppm(mg/L)으로 표시된 숫자가 클수록 오염이 큰 것입니다.

<화학적 산소요구량의 물환경 기준>

등급	매우 좋음	좋음	약간 좋음	보통	약간 나쁨	나쁨	매우 나쁨
기준	2 이하	3 이하	4 이하	5 이하	8 이하	10 이하	10 초과

(단위 : ppm(mg/L))

BOD(Biochemical Oxygen Demand)

생화학적 산소요구량을 말합니다. 물이 오염된 정도를 나타내는 지표로 BOD가 높을수록 오염이 많이 진행된 물입니다. 1L의 물에 1mg의 산소가 필요한 것을 1ppm이라 하는데 일반적인 하천에서 5ppm 이상이 되면 자정(自淨) 능력을 잃고, 10ppm을 넘으면 악취가 납니다.

WBGT(Wet Bulb Globe Temperature)

기온·습도·복사열·기류 등을 종합적으로 분석해 열에 의해 인간이 받는 스트레스, 즉 더위 지수를 수치로 나타낸 것입니다. WBGT 지수는 건습구 온도와 흑구 온도의 값을 사용해 계산합니다.

WBGT 지수 계산 방법

- ✓ WBGT(실내) = (0.7×습구 온도)+(0.3×흑구 온도)
- ✓ WBGT(실외) = (0.7×습구 온도)+(0.2×흑구 온도)+(0.1×건구온도)

WBGT 지수에 따른 행동 요령

지수단계	WBGT	열사병 예방 정보 및 운동 지침
매우 위험	31 이상	운동 자제
위험	28 이상~31 미만	열사병 위험 높음, 격렬한 운동 자제, 충분한 휴식, 수분 섭취
경계	25 이상~28 미만	열사병 위험 증가, 심한 운동 30분 이하, 충분한 수분 섭취
주의	21 이상~25 미만	열사병 가능성 상존, 적극적인 수분 섭취
안전	21 미만	열사병 가능성 미약, 수분 공급 필요

출처: www.kweather.co.kr

활동 1	하천의 생태적 기능과 하천 복원의 모범사례인 양재천 탐구하기

1) 하천의 생태적 기능 탐구

- 하천은 도시에서 발생된 열을 흡수하여 기온을 낮추고, 주변의 온도를 조절하는 역할을 합니다.
- 하천은 스스로 깨끗해지는 자정작용을 통해 수질을 정화합니다.
- 하천은 물의 순환 과정을 통해서 대기 중의 공기를 정화하는 기후조절 능력을 지니고 있습니다.
- 하천 주변에는 다양한 종의 식물과 그에 따른 양서류, 포유류 등의 동물종이 분포하고, 조류의 이동 통로와 서식처로서 기능을 갖습니다.
- 하천은 상류로부터 흘러와 쌓이는 여러 물질을 소비·공급·전환하는 생화학적 기능을 도맡습니다.

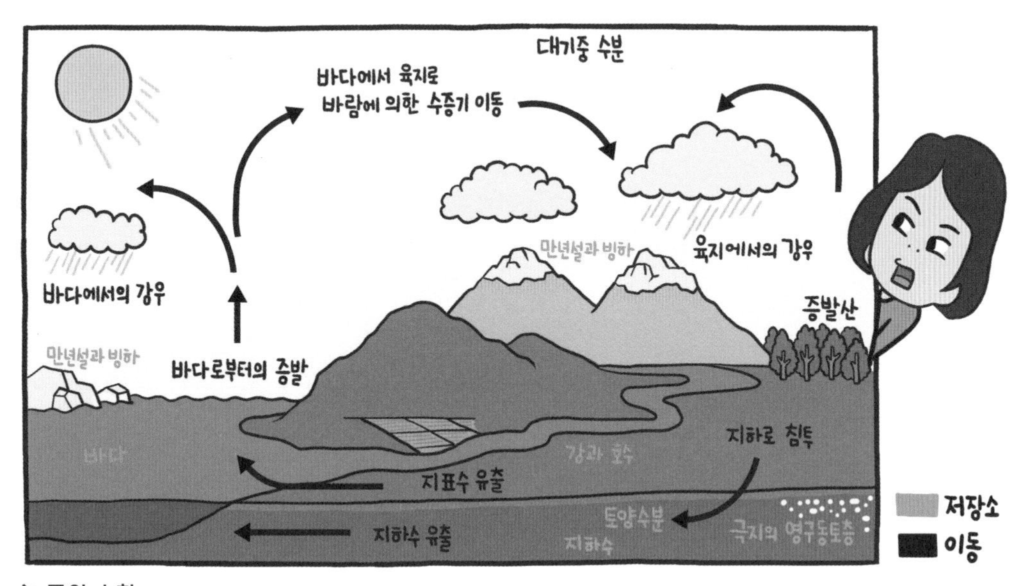

물의 순환

2) 복원 하천인 양재천의 모범 사례 조사

양재천은 관악산과 청계천에서 시작해 경기 과천시와 서울 남부를 지나 탄천으로 유입되는 하천입니다. 1995년에 자연형 하천 복원 사업을 시작한 이후로 현재까지 하천 복원 사업의 모범 사례로 꼽히고 있습니다. 양재천 복원 사업은 생물 서식처와 경관 등 하천의 모습을 본래 자연 상태에 가깝게 되돌리는 데 초점이 맞추어졌습니다. 복원 전에는 한 마리도 보이지 않던 어류가 2001년에는 20여 종으로 늘어났고 10종에 불과했던 조류도 42종으로 다양해졌습니다.

양재천(@Korean Culture and Information Service(Jeon Han))

양재천의 수질 탐구

3) 양재천의 수질 조사 결과

아래의 표에 나타난 바와 같이 용존 산소량(DO), 생화학적 산소 요구량(BOD), 화학적 산소 요구량(COD) 모두 양재천의 수질은 양호한 것으로 나타났습니다.

(1) DO와 COD 결과(2020.09.26. 토요일)

측정한 양재천의 수질		
측정한 양재천의 수질	DO: 7ppm ⇒ 평균 보다 수질 상태 좋음	5ppm 이상 ⇒ 보통 상태
	COD: 4.5ppm ⇒ 약간 좋음(Ⅲ등급)	5ppm 이하 ⇒ 보통 상태

(2) BOD 결과(2020.10.01. 목요일, DO 측정 후 담아 온 물을 5일 후 측정)

측정한 양재천의 수질	BOD: 2ppm ⇒ 자정 능력 있는 상태	5ppm 이상 ⇒ 자정 능력 잃음

활동 2 도시 복개천의 복원 필요성 탐구하기

1) 복개 구간과 복원 구간, 도심지의 기후 요소(온도, 습도, 바람의 세기, WBGT) 비교 측정

✓ 측정 기간 : 2020. 08. 30. ~10. 11.

✓ 측정 횟수 : 매주 2회(목요일 오후 3시/일요일 오후 3시), 5분마다 3회 측정

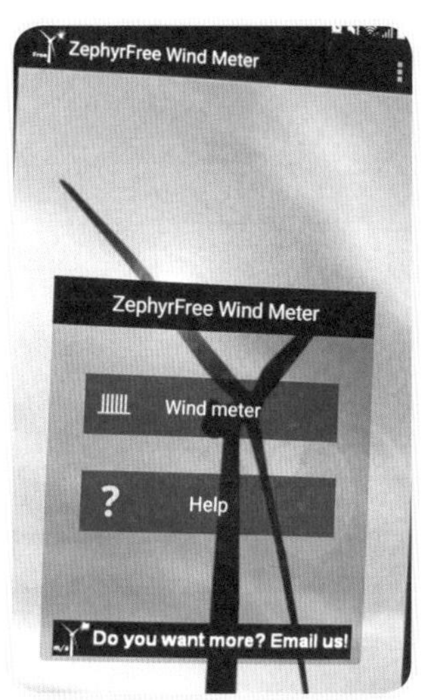

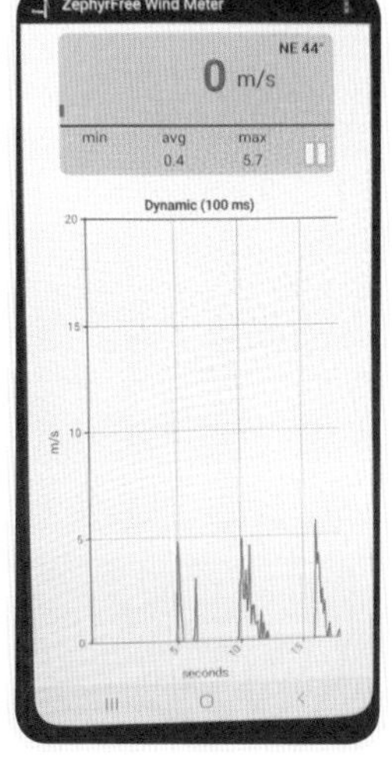

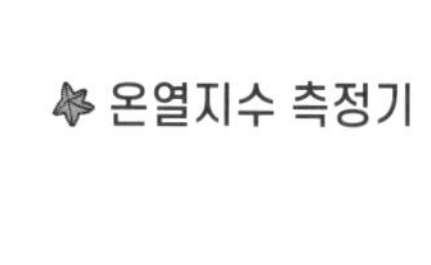

온열지수 측정기

휴대폰 앱을 활용해 바람의 세기 측정

- 온도, 습도, WBGT 측정: 팀원 각자 4대의 측정기기를 사용하여 미리 선정한 4곳의 같은 장소에서 동시 측정
- 바람의 세기 측정: 온도, 습도, WBGT 측정과 동일한 시간에 같은 장소에서 진행함. 휴대폰 마이크로 유입되는 소리를 풍속으로 변환하는 앱을 사용하여 측정

2) 측정 장소

- 복원 구간(A) : 인천광역시 부평구 굴포천 3교. 굴포천 복원의 끝부분이자 복개 구간과 인접한 위치로 복개 구간과 비교하여 차이가 나타날 경우 복원의 필요성을 판별할 수 있을 것으로 예상
- 복개 구간(B) : 인천광역시 부평구 부평대로 71번길. 자연 생태계가 없는 곳으로 복원 구간(A)와의 비교가 가능
- 포켓 파크(C) : 인천광역시 부평구 부평문화로 37 웰빙공원. 하천뿐만 아니라 자연숲이 주는 환경도 확인 가능
- 도시 중심(D) : 인천광역시 부평구 안남로 269. 자연생태계가 없는 곳으로 복원 구간(A)와 비교가 가능

(1) 각 지역의 온도(℃) 비교

복원 구간과 포켓 파크같이 하천이나 숲이 있는 장소의 온도가 복개 구간보다 낮았으며, 같은 시간에 고정지표 4곳의 온도를 지속해서 측정해 보니, 복개 구간의 평균 온도가 다른 3곳의 구간보다 3~5℃ 높게 나타났습니다. 즉 복개 구간이 복원 구간보다 평균 온도가 높게 나타나 기온이 더 높음을 알 수 있었습니다.

(단위 : ℃)

	8.30(일)	9.3(목)	9.6(일)	9.10(목)	9.13(일)	9.17(목)
복원구간(A)	29.4	27.9	25.2	27.6	26.2	25.9
복개구간(B)	37.3	29.7	26.8	31.6	35.8	27.6
포켓파크(C)	28.2	25.6	23.8	25.7	25.9	24.4
도시중심(D)	33.3	27.6	26.4	28.1	26.1	26.6

(단위 : ℃)

	9.20(일)	9.24(목)	9.27(일)	10.4(일)	10.8(목)	10.11(일)	평균값
복원구간(A)	25.7	26.9	26.3	21.7	23.9	23.1	25.82
복개구간(B)	30.8	32.3	33.2	26.1	27.1	24.6	30.24
포켓파크(C)	25.6	25.4	25.8	23.9	24.5	24.5	25.28
도시중심(D)	26.5	25.9	27.6	24.4	25.4	24.6	26.88

(2) 각 지역의 습도(%) 비교

같은 시간에 고정지표 4곳의 습도를 측정해 보니 포켓 파크와 복원 구간의 습도가 높게 나타났습니다. 하지만 도심 지표의 습도도 복개 구간을 제외한 2곳과 비슷하게 측정되었기에 복개 구간의 습도가 3곳보다 낮게 나타났음을 알 수 있습니다. 그래서 기온과 마찬가지로 복개 구간이 복원 구간보다 평균 습도가 낮게 나타나 더 건조함을 알 수 있었습니다.

(단위 : %)

	8.30(일)	9.3(목)	9.6(일)	9.10(목)	9.13(일)	9.17(목)
복원구간(A)	77.8	62.8	62.4	59.3	51.7	49.0
복개구간(B)	53.4	56.0	57.0	49.0	33.7	44.9
포켓파크(C)	81.0	68.1	65.0	64.3	53.3	53.2
도시중심(D)	62.8	65.1	64.3	63.1	50.6	44.3

(단위 : %)

	9.20(일)	9.24(목)	9.27(일)	10.4(일)	10.8(목)	10.11(일)	평균값
복원구간(A)	41.5	44.8	42.8	59.9	36.9	51.8	53.39
복개구간(B)	28.3	34.7	31.8	46.6	31.9	45.7	42.75
포켓파크(C)	44.5	46.7	51.3	50.5	44.8	46.4	55.76
도시중심(D)	44.2	46.7	44.8	50.1	33.5	43.9	51.12

(3) 각 지역의 바람의 세기(m/s) 비교

태풍의 영향으로 9월 3일 포켓 파크의 값이 7(m/s)로 가장 높게 나타났습니다. 복개 구간의 바람세기 측정값이 다른 세 지역보다 작은 이유는 복개 구간이 건물로 막혀 있어서 공기의 순환이 잘 안 되기 때문인 듯합니다.

(단위 : m/s)

	8.30(일)	9.3(목)	9.6(일)	9.10(목)	9.13(일)	9.17(목)
복원구간(A)	0	3	0	0	0	0
복개구간(B)	0	0	0	0	0	0
포켓파크(C)	0	7	1	2	0	0
도시중심(D)	0.3	0.5	0.4	0	0	0

(단위 : m/s)

	9.20(일)	9.24(목)	9.27(일)	10.4(일)	10.8(목)	10.11(일)	평균값
복원구간(A)	0	4	2	3	1	0	1.08
복개구간(B)	0	0	0	0.1	0	0	0.01
포켓파크(C)	0	0	1	4	0	0	1.25
도시중심(D)	0	0.3	0	2	0.1	0	0.30

(4) 각 지역의 WBGT 지수 비교

더위 체감 지수인 WBGT 지수는 복개 구간의 값이 가장 높게 나타났습니다. 기온 측정과 마찬가지로 복개 구간이 복원 구간보다 더위 체감 지수가 높음을 알 수 있었습니다.

(단위 : ℃)

	8.30(일)	9.3(목)	9.6(일)	9.10(목)	9.13(일)	9.17(목)
복원구간(A)	27.3	24.2	21.7	23.6	21.3	21.0
복개구간(B)	32.3	25.2	22.4	26.0	27.1	21.9
포켓파크(C)	26.6	22.6	20.4	22.3	21.3	19.8
도시중심(D)	29.4	23.2	21.2	23.1	20.8	20.9

(단위 : ℃)

	9.20(일)	9.24(목)	9.27(일)	10.4(일)	10.8(목)	10.11(일)	평균값
복원구간(A)	19.7	21.2	20.7	18.2	17.4	18.8	21.26
복개구간(B)	22.6	24.6	25.6	20.6	20.1	19.1	23.95
포켓파크(C)	19.8	19.9	20.8	19.1	19.1	18.8	20.88
도시중심(D)	20.1	20.1	21.8	19.8	18.4	18.7	21.46

3) 굴포천의 복개 구간, 복원 구간 수질 조사 비교

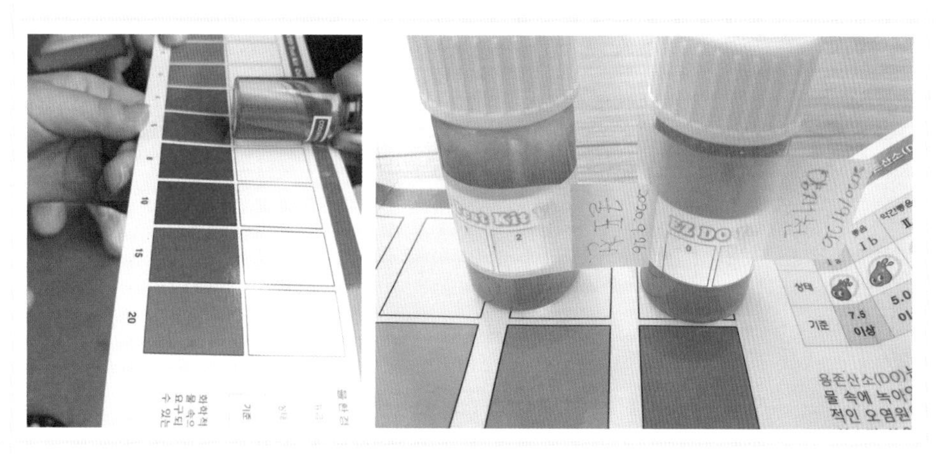

1차 수질 검사

2차 수질 검사

(1) 1차 수질 조사 결과-굴포천 복원 구간

용존 산소량(DO)의 결과는 평균 7ppm으로 보통인 5ppm 내외보다 높은 수치라 용존 산소량(DO)이 많다는 것을 알 수 있었고, 화학적 산소 요구량(COD)의 결과는 평균 4.5ppm이므로 보통인 5ppm보다 수질 상태가 약간 나은 상태로 볼 수 있었습니다. 마지막으로 생화학적 산소 요구량(BOD)의 경우는 평균 3.5ppm으로 5ppm보다 낮아서 자정 능력이 있는 상태임을 알 수 있었습니다. 그러나 측정한 곳이 복원 구간이므로 복개 구간과 비교하기 위해 비교 대상 세 지점을 추가하여 다시 측정했습니다.

	DO	COD	BOD	비교값 근거
2020.09.02.수	7ppm	5ppm	3ppm	DO: 5ppm 이상 - 보통 상태 COD: 5ppm 이하 - 보통 상태 BOD: 5ppm 이상 - 자정 능력 잃음
2020.09.26.토	7ppm	4ppm	4ppm	
평균값(2회)	7ppm	4.5ppm	3.5ppm	

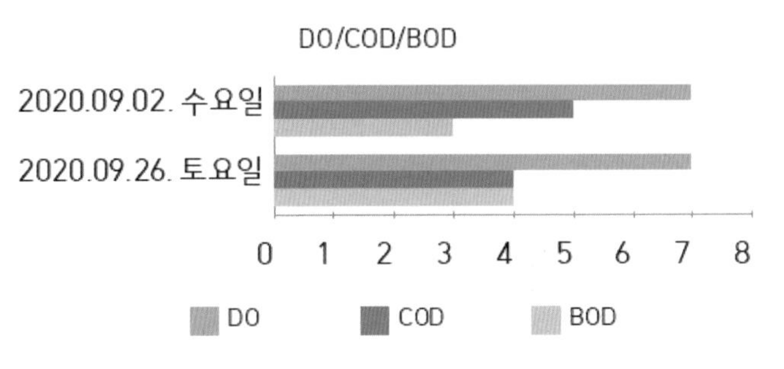

굴포천 복원 구간의 수질 검사 결과 그래프

(2) 2차 수질 조사 결과 - 굴포천 원수 지점, 복원 중심 지역, 복개 지역 근접지

원수 지점과 자연생태계가 비교적 잘 이루어진 복원 지역(굴포3교)은 복개 지역의 평균 6ppm보다 용존 산소량인 DO가 높은 수치를 나타냈습니다. 따라서 복원 지역과 원수 지점이 복개 지역(근접지)보다 용존 산소량이 더 많음을 알 수 있었습니다.

	일자	원수지점	복원지역(굴포3교)	복개지역(근접지)	근거(비교값)
DO (용존 산소량)	10월 3일	8~9ppm	8~9ppm	6ppm	5ppm 이상 - 보통 수질
DO (용존 산소량)	10월 14일	6~7ppm	7ppm	6ppm	
평균값(2회)	-	7~8ppm	7.5~8ppm	6ppm	

자연생태계가 비교적 잘 이루어진 복원 지역(굴포3교)은 복개 지역(근접)의 평균 6ppm보다 수치가 낮고, 원수 지점 5.25ppm보다 낮았습니다. 그래서 복원 지역은 복개 지역(근접)과 원수 지역보다 화학적 산소 요구량이 낮아 수질이 우수함을 알 수 있었습니다.

	일자	원수지점	복원지역(굴포3교)	복개지역(근접지)	근거(비교값)
COD(화학적 산소요구량)	10월 3일	4ppm	4ppm	7ppm	5ppm 이하 - 보통 수질
COD(화학적 산소요구량)	10월 14일	6.5ppm	5ppm	5ppm	
평균값(2회)	-	5.25ppm	4.5ppm	6ppm	

원수 지점과 자연생태계가 비교적 잘 이루어진 복원 지역(굴포3교)은 복개 지역(근접)의 평균 5ppm보다 낮았습니다. 그래서 복원 지역과 원수 지점은 복개 지역(근접지)보다 생화학적 산소 요구량이 더 낮아 수질이 우수함을 알 수 있었습니다.

	일자	원수지점	복원지역(굴포3교)	복개지역(근접지)	근거(비교값)
BOD(생화학적 산소요구량)	10월 8일	3ppm	3ppm	4ppm	5ppm 이상 - 자정 능력 잃음
BOD(생화학적 산소요구량)	10월 19일	5ppm	5ppm	6ppm	
평균값(2회)	-	4ppm	4ppm	5ppm	

느낀 점 나누기

탐구 활동을 진행하면서 환경을 생각하는 마음이 달라진 것 같습니다. 친구들과 실험 측정을 하는 일과 서로 시간을 쪼개어 소통했던 점이 기억에 남습니다. 무엇보다 묵묵히 탐구의 즐거움을 알 수 있도록 방향을 제시해 주신 지도 선생님께 감사드립니다.

실험을 하면서 아쉬운 점도 있었습니다. 바람의 세기 수치가 대부분 0m/s가 나온 부분이 그렇습니다. 좀 더 정확한 방법을 알아내서 다시 확인해 보고 싶습니다. 학교 생활과 병행하느라 탐구 활동 시간이 부족했던 것과 우리의 경험 부족으로 미숙했던 점들이 아쉬웠습니다.

하지만 배운 것이 더 많습니다. 하천이 얼마나 중요하고 필요한지 몸소 느끼고 하천을 보호해야 한다고 생각하게 되었습니다. 하천을 구체적으로 탐구할 수 있었던 뜻깊은 시간이었습니다.

참고문헌

- 경인일보, 굴포천(http://www.kyeongin.com/main/view.php?key=20200406010001285).
- 강남 양재천 서울시 미래유산으로 선정, SBS 뉴미디어부(http://news.sbs.co.kr/news/endPage.do?news_id=N1003312767&plink=ORI&cooper=NAVER&p).
- 서울대학교 지구환경과학부 백종진 교수 강연(https://blog.naver.com/dagawahs/60157012394).
- 도시계획-하천복원사업, 양재천공원(https://www.reportworld.co.kr/social/s766455).

‘에버그린’ 팀을 향한 박사님의 총평!

검토자 소속: 국립생태원 생태계서비스팀

검토자 성명: 김일권

도시에서 사람들에게 생태계서비스를 제공하는 하천의 조절서비스를 중심으로 진행된 연구는 최근의 기후변화 등의 이슈와 맞물려서 매우 적합한 주제라 생각됩니다. 생태계서비스를 평가할 수 있는 다양한 지표들을 찾아보고, 실제로 조사·탐구하는 과정은 생태계서비스 연구에서 가장 중요한 부분입니다. 학생들은 하천이 제공하는 생태계서비스를 어떻게 평가할 수 있는지 고민하면서 다양한 지표들을 선택하였습니다. 또한 굴포천 내에서 생태환경적인 특성을 고려하여 측정 지점들을 선정하고, 이들 지점에서 얻은 결과값들을 비교하는 과정이 체계적으로 수행되었습니다. 그리고 연구결과도 깔끔하게 정리하면서 기술적으로 완성도가 높은 연구 보고서를 만들었습니다. 특히 WBGT라는 새로운 지수를 이용하여 생태계서비스가 사람들의 건강과 스트레스에 미칠 수 있는 영향을 평가한 점이 인상 깊었습니다.

학생들이 아쉬운 점들도 언급하였지만, 이러한 부분들도 향후에 새로운 과학 연구를 수행하는 데 있어서 좋은 경험이 될 것이라고 생각됩니다. 연구 결과들을 토의하면서 생태계서비스가 우리 삶에 실제로 어떠한 영향을 미칠 수 있는지 고민해 보는 것도 다음 연구 과제를 찾아가는 데 도움이 될 것입니다. 무엇보다도 이러한 관심과 마음이 꾸준히 지속되었으면 좋겠습니다.

도시 숲 인공 저류지의 생태계서비스 탐구 _지속 가능한 모델을 위한 탐구

최우수상 세일스팀

팀원 세일고 김규빈, 김민형, 박승주, 송예준

지도교사 손기선

주제 정하기

도대체
저류지에 쓰레기를
왜 버리는 걸까?
그러게 말이야.
이렇게 물이 고여서
지저분해지는데…….
야생동물이
물을 먹긴커녕
수서생물도 다 죽겠다.
저번에 도롱뇽도
엄청 많이 죽어
있었잖아.
우리가 직접 알아보는 게 어때?
그래. 분명 잘 관리되고 있는
저류지도 있을 거야.
맞아!
저류지의 생태계서비스도
같이 알아보자!
다른 곳의
저류지도
이럴까?

계획하기

인공 저류지도 생태계서비스를 제공할까?

우리 세일고등학교 뒤에는 원적산이 있습니다. 우리가 본 원적산에 설치된 인공 저류지는 대부분 깨지고 금이 간 상태로 생태계서비스와 거리가 먼 자연을 위협하는 모습이었습니다.

그래서 우리는 자연재해와 환경 오염의 폐해로부터 생태계를 유지하기 위해 지속 가능한 새로운 저류지 모델을 탐구하기로 했습니다.

세일스팀이 생각하는 저류지 모델 개발의 목적이 무엇인가가 중요합니다. 세일스팀의 목적이 수질 개선 및 생태계 복원이라면 기존 연구의 모델을 참고할 수 있습니다. 원적산의 지리 및 기후환경(강수시기, 강수량 등) 조건을 탐구하고, 목적에 맞는 개선 모델을 제시할 수 있을 것입니다.

멘토 tip!

저희가 제시하는 새로운 저류지 모델은 수질 개선이 가능하고 무엇보다 야생동물이 안전하게 이용할 수 있는 서식지의 기능을 갖는 것입니다.

새로운 저류지 모델을 구상하기 위해 기존의 저류지를 탐사하며 수량과 수질 등을 조사할 계획입니다.

저류지의 수량은 일기와 시기에 따라 달라지므로 각 저류지의 탐사 기간을 기록하는 것이 중요합니다.

멘토 tip!

탐구 과정·결과 정리하기

박사님 tip!

- 다수의 저류지를 정량적으로 비교하기에 어려운 점이 있을 것으로 보이므로 생태계서비스 습지간이평가 지표나 국립생태원에서 조사하는 시민참여 생태계서비스 평가를 참조해 보는 것이 좋겠습니다.
- 개별 탐구 내용들을 짧은 시간에 모두 담아내기가 어려울 때는 조별 논의를 통해 좀 더 주제가 명확하고, 결과가 유의미한 것을 중심으로 내용을 줄여 가보는 것이 좋습니다.

활동 1 원적산 제1저류지의 수질 탐구하기

원적산 제1저류지의 수질(pH 농도)을 탐구하기 위해 pH 측정기를 사용했습니다.

✓ pH 측정기 : ETI 메타 8000(회사: ETI(영국))

✓ 측정 방법 : ① pH 농도를 7(중성)로 조절하여 영점을 맞춥니다.
② 물에 약 30초 정도 담가 pH 농도를 측정합니다.

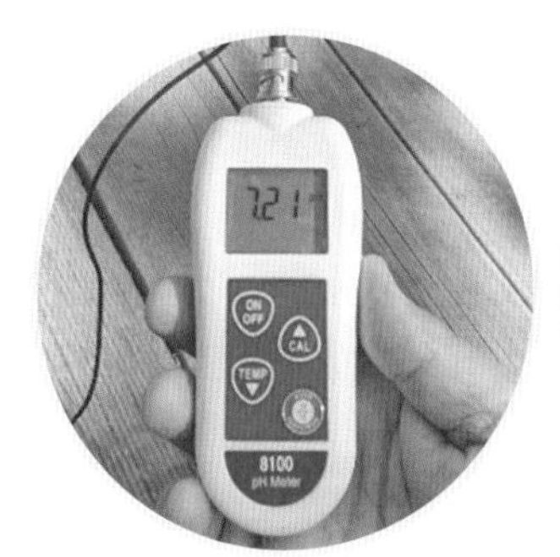

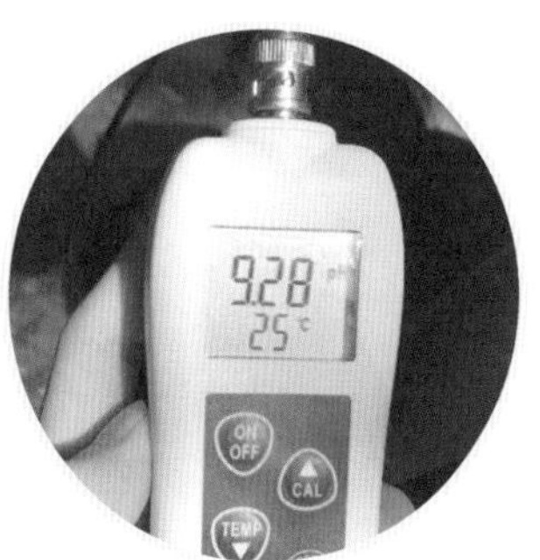

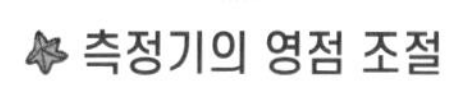

측정기의 영점 조절 pH 농도 측정

✓ 측정 결과 : pH 농도 → 9.28

일반적인 하천과 호소의 정상 pH 범위는 6~8.5입니다. 하지만 우리가 탐구한 저류지는 콘크리트로 이루어져서 다량의 알칼리 이온을 침출시켜 pH 농도를 증가시킨 것으로 보입니다. 따라서 원적산 제1저류지의 pH 농도가 9.28로 높은 원인은 콘크리트이며, 이러한 높은 pH 농도는 저류지의 수서생물과 주변 도시 숲의 야생동물들에게 악영향을 줄 것이라 추측해 볼 수 있습니다.

활동 2 | 저류지 환경의 문제점과 생태계서비스적 요소 탐구하기

원적산과 다른 지역 저류지의 생태계서비스를 알아보고자 12곳을 정하여 현장 답사를 실시했습니다. 산속에 있는 저류지의 정확한 위치를 알 수 없어서 찾기가 힘들고 시간이 많이 걸렸습니다. 조금 더 효율적인 방법을 찾지 못한 것이 아쉽습니다. 어렵게 찾은 각 저류지의 구조와 위치, 특징 등을 탐구하고 저류지가 제공하는 생태계서비스 요소를 고안했습니다.

1) 12개 저류지 탐구

원적산 저류지 탐구

- 인천 지역 : 원적산(3곳), 만월산, 문학산, 선포산, 계양산, 굴포천
- 서울 지역 : 매봉산, 안산, 까치산, 배봉산

저류지	재료	특징	장점	단점
원적산	콘크리트	• 수로와 빗물저장소의 수가 많고 규모가 매우 크다.	• 빗물저장소가 커서 다양한 수서생물이 생존 가능하다. • 홍수나 산사태 예방에 효과적이다.	• 크기가 커서 야생동물은 이용하기 어렵고 위험하다.

만월산	돌과 콘크리트	· 위쪽의 수로는 규모가 컸지만 지하로 들어가는 입구 주변부터 급격히 작아졌다. · 홍수 대비용인 것 같았고, 빗물 저장소는 거의 없었다.	· 입구 부분이 작아서 청소에 용이하다. · 수로가 크긴 하나 깊지 않아서 야생동물이 이용할 수 있다.	· 수로가 산을 완전히 단절시키고 통로도 없어서 홍수 시 동물의 서식지가 고립된다. · 지하로 들어가는 입구가 작아서 하류에서 범람의 위험이 있다.
문학산	돌	· 돌을 쌓아 만든 형태로 물이 차 있는 방이 있다. · 계단형이다.	· 동물보다는 사람의 이용이 용이하다. · 관리가 쉽다.	· 사람과 너무 가까운 곳에 있어 동물이 이용하기 어렵다.
선포산	돌과 콘크리트	· 많은 수로가 하나의 지하 입구와 연결되어 있다. · 규모는 작은 편이다.	· 수로가 깊지 않고 길어서 동물들이 이용할 수 있다. · 지하에 빗물 저장소가 있다면 빗물을 모으는 데에 매우 효과적일 것이다.	· 저류지나 수로가 크지 않아서 홍수 대비에는 한계가 있다. · 수로가 많아 사람이 일일이 관리하기 어렵다
굴포천	콘크리트	· 경사가 높은 통로를 통해 저장소로 물이 모인다. · 통로 일부가 철로 덮혀 있다.	· 하천 옆이라 물이 있을 확률, 즉 자주 순환이 일어날 확률이 높다. · 경사가 높은 통로로 인해 물이 모이기 쉽다.	· 통로 일부가 막혀 야생동물의 이용이 어렵다. · 규모가 크지 않아 큰 범람 시 쓸모가 없을 수 있다.
매봉산	콘크리트	· 빗물저장소의 규모가 크고, 위가 철망으로 덮혀 있다.	· 홍수나 산사태를 예방하는 데 효과적이다. · 저장소를 철 구조물로 덮어 놓음으로서 야생동물들이 저류지에 빠지는 것을 예방할 수 있다.	· 지상에서는 빗물 저장이 잘 되지 않아서 야생동물의 이용이 어렵다. · 빗물저장소가 막혀 있어서 사람과 동물의 이용이 어렵다.
계양산	돌과 콘크리트	· 하부에 매우 큰 공간이 있어 빗물을 저장할 수 있다. · 수로가 콘크리트가 아니고 돌로 이루어져 있으며 중간중간에 작은 공간이 있어 물이 고일 수 있다.	· 규모가 매우 커서 홍수나 산사태에 효과적이다. · 중간중간에 있는 공간에서 수서생물이 생존할 수 있다. · 야생동물이 이용할 수 있다.	· 수로가 돌이어서 관리가 매우 어렵고, 배수가 원활하여 중간 공간에 물의 공급이 적을 수 있다.
안산	돌과 콘크리트, 철판	· 주로 큰 돌로 이루어져서 수로와 빗물저장소의 크기가 적당하다. · 지하로의 배출구에 철판이 깔려 있어서 철판의 구멍 사이사이로 물이 빠져나가는 형태이다.	· 사람이 오가는 길과 가깝고 크기도 적당하여 관리가 쉽고 실제로도 잘 관리되어 있다. · 산 쪽의 수로가 깊지 않아서 야생동물이 이용할 수 있다.	· 콘크리트와 철 등 수질을 오염할 수 있는 재질이 많다. · 물이 많은 빗물저장소는 사람과 가까워 야생동물들이 매번 이용할 수 없다.
까치산	돌과 콘크리트	· 수로와 빗물 저장소의 규모가 매우 크다. · 배출구 주변이 좁아지면서 망이 있다. · 산 자체가 작아서 야생동물은 거의 없다.	· 쓰레기 관리에 효과적이다. · 산사태나 홍수 대비에 효과적이다.	· 경사가 있어서 사람과 동물 모두 안전하지 않다.

2) 저류지의 생태계서비스 요소

✓ 낮은 경사의 수로

수로의 경사를 낮게 조절하면 사람과 동물이 빠질 위험이 줄고, 야생동물이 원활하게 출입할 수 있으며, 서식지 단절을 예방할 수 있습니다.

✓ 용존 산소량 높이기

저류지 특성상 물이 고여 있는 경우가 많아 용존 산소량이 감소하는데, 구조를 변경해 용존 산소량을 높일 수 있습니다.

✓ 친환경 재료 사용

대부분의 저류지가 콘크리트로 이루어진 경우가 많은데 이를 돌이나 무독성 콘크리트 등과 같이 수질과 pH 농도에 영향을 적게 주는 재료로 변경하면 좋을 것 같습니다.

✓ 생태형 저류지

생태형 저류지는 깊지 않아서 동물들이 자유롭게 물을 이용할 수 있고, 경관미를 해치지 않습니다.

✓ 빗물저장소에서 쉽게 나올 수 있는 구조물이나 보조 시설

야생동물이 빠졌을 때에 필요한 구조물을 설치하면 도롱뇽이나 개구리가 변태 후 육상 진출을 하는 데에도 용이할 것입니다.

수로에 빠져서 나오지 못하는 고라니

활동 3 | 우리가 생각하는 이상적인 저류지의 모형 탐구하기

우리가 직접 조사한 12개의 저류지 중 구조가 가장 이상적인 저류지는 원적산 제1저류지였습니다. 원적산 제1저류지는 직렬 형태로 저류지에 물이 고일 수 있는 빗물저장소가 있고, 끝 부분에 물이 고이는 공간이 있어서 수서생물과 야생동물 모두에게 물을 제공하였습니다. 이것은 물의 순환 문제를 어느 정도 해결한 장점으로 저류지의 본 목적과 생태계서비스적 조건을 모두 만족하는 우리가 찾던 가장 이상적인 저류지의 모습이었습니다. 이러한 원적산 제1저류지에도 단점은 있었습니다. 우리는 현재 원적산 제1저류지의 단점을 보완하여 더욱 이상적인 저류지 모형을 탐구하여 3D 모형으로 구현했습니다.

1) 저류지 모형 탐구

- ✓ 단점 : 특별한 배수구가 없어서 일정 수위 위로 물이 차면 자연스럽게 배출되다보니 물의 저장이 어려웠습니다.
- ✓ 보완 방법 : 기존 저류지의 형태는 유지한 채, 물이 나가는 부분에 턱을 쌓아 과도한 배출을 막고 물의 최고 수위를 높이는 것입니다.

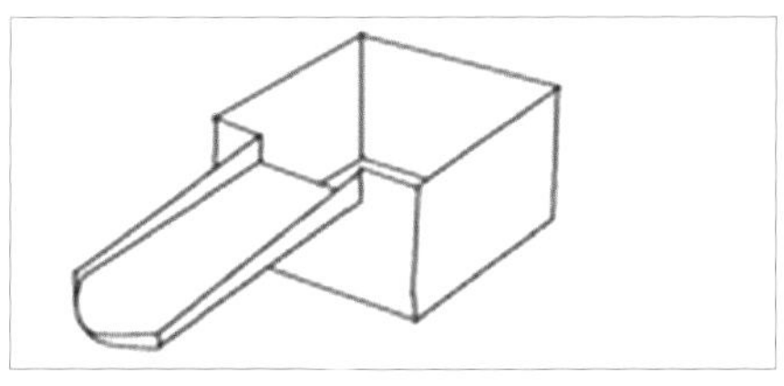

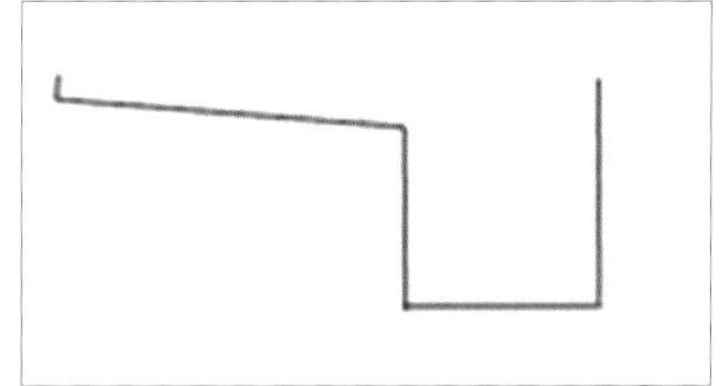

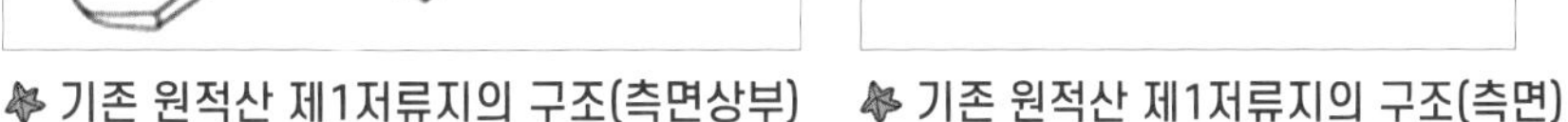

기존 원적산 제1저류지의 구조(측면상부)　기존 원적산 제1저류지의 구조(측면)

2) 수로 모형 탐구

- ✓ 단점 : 현재 원적산 제1저류지의 경우 사방 2m에 깊이 60cm로 비교적 급한 측면 경사를 가졌습니다. 이는 야생동물의 서식지를 단절시키고 고립시킵니다.

✓ 보완 방법 : 계양산 저류지의 수로 형태와 같이 경사를 낮게 반영하여 재난 방지의 역할과 야생동물의 고립을 방지할 수 있습니다.

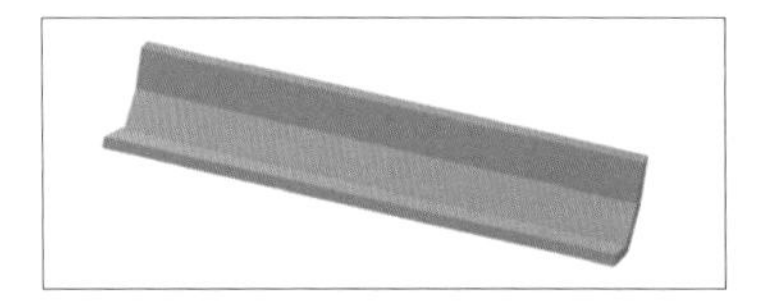
계양산 수로의 구조

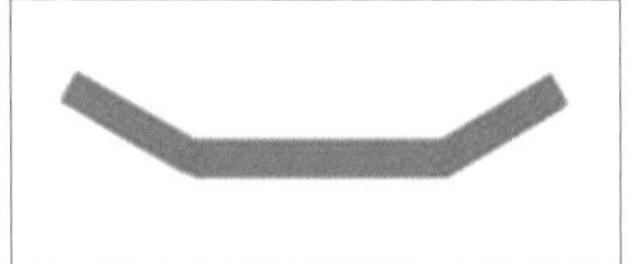
이상적인 수로의 구조

3) 용존 산소량 탐구

✓ 단점 : 저류지의 특성상 항상 물이 고여 있는 시간이 많아 용존 산소량이 저하될 수 있는데 이는 수서생물에게 위협이 됩니다.

✓ 보완 방법 : 원적산 제1저류지에는 용존 산소량의 증가를 위해 물이 관을 통하여 저장소로 떨어지도록 하고 있습니다. 이 방법을 모든 저류지에 사용하면 물이 강하게 떨어져 생긴 기포로 용존 산소량을 좀 더 증진시켜서 개선된 생태계를 수서생물에게 제공할 수 있을 것입니다.

4) 야생동물이 빠졌을 시

✓ 문제점 : 닫힌 구조의 깊은 빗물저류지는 동물이 빠져나올 수 없고 양서류가 변태 후 육상 진출도 어렵습니다.

✓ 보완 방법 : 저류지의 한쪽 면을 빗면으로 만들어서 물에 빠진 야생동물이 탈출하기 쉽게 하고, 도롱뇽과 개구리의 변태 시 육상으로의 진출을 쉽게 하여 종을 보존할 수 있습니다.

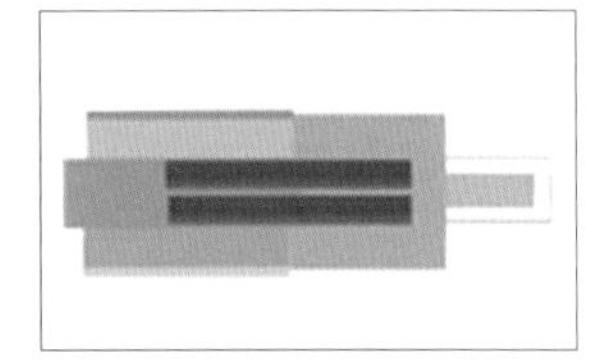
위에서 본 이상적인 저류지 모형

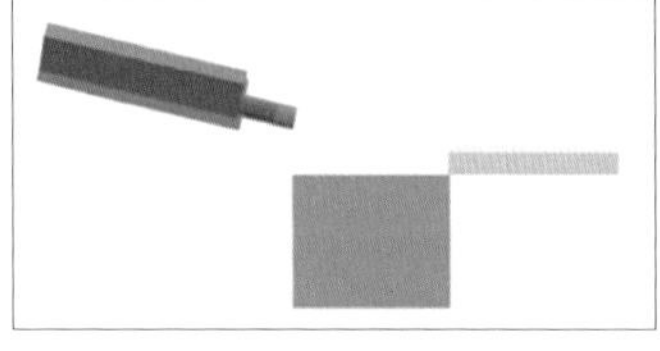
이상적인 저류지 모형의 측면

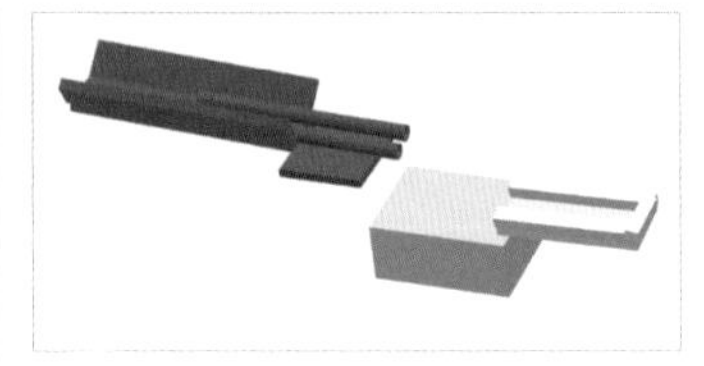
이상적인 저류지 전체 모형

활동 4 | 원적산 제1저류지를 이상적인 모형으로 보완 및 개선하기

✓ 저류지 상황 : 물이 흘러 나가는 부분이 낮고 깨져서 물이 새어나가 잘 모이지 않고, 이로 인해 생물이 서식하거나 이용할 수 있는 물의 양이 적었습니다.

✓ 보완 내용 : 배수 부분 및 깨진 부분을 보완하기로 했습니다.

✓ 방법 : 무독성 시멘트와 모래를 1:1 비율로 물과 함께 섞어서 배수 부분의 턱을 높이기로 했습니다.

✓ 목적 : 배수 부분의 턱을 높여 물을 효과적으로 모을 수 있도록 했습니다.

✓ 효과 : ① 물을 효과적으로 가두어 개구리, 도롱뇽, 소금쟁이 등 수서생물에게 서식지 및 이용 가능한 물을 제공할 수 있습니다.
② 저류지를 보완하며 지속 가능한 활동(도롱뇽 보전 등)을 할 수 있습니다.

※ 법적 문제 발생을 방지하기 위해 구청과 협의한 후 작업했습니다.

탐구 결과 물이 새어 나가던 부분과 물의 저장에 방해가 되는 요소들을 모두 채우고 보완했습니다.

저류지 보완 및 개선 과정

이상적인 저류지 완공

대회를 진행하면서 많은 활동을 했습니다. 여러 저류지를 직접 조사하는 활동에서 본 대부분의 저류지는 깨지고 쓰레기가 아무 곳에나 있는 등 관리가 제대로 이루어지지 않았습니다. 야생동물이나 수서생물들의 이용이나 서식지 제공 등의 생태계서비스는 고려하지 않고 수로만 만든 곳도 있었습니다. 대부분 저류지의 문제점들은 모두 오로지 '홍수나 산사태의 예방'이라는 인간의 안전을 위한 하나의 목적만 가지고 설치되어 발생한 것들이었습니다. 우리는 환경을 위해 설치된 저류지가 오히려 환경을 파괴하고 생태계서비스에 크게 벗어나 있다는 것을 느끼게 되었습니다.

활동을 진행하며 어려운 점이 정말 많았습니다. 코로나19의 창궐로 인해 팀원들 간의 만남을 가질 기회도 부족하였고, 특정 장소를 조사하거나 방문하는 데 많은 제약이 있었습니다. 또한, 2020년에 특히 길었던 장마와 태풍으로 물가 주변의 장소를 가야 하는 활동이 위험하여 활동 시기를 많이 연기했고, 여름의 무더운 날씨 안에서 돌아다니는 것도 정말 힘들었습니다. 하지만 모든 팀원이 끝까지 포기하지 않고 활동에 임하여 충분한 양과 원하던 내용의 조사 결과를 얻을 수 있었고, 이러한 어려움과 고난이 있었기에 더욱 뿌듯함을 느낄 수 있었으며 탐구 활동에 더욱 열중하여 임할 수 있었습니다.

그럼에도 불구하고 단순한 결과에 국한되지 않고 과정의 경험을 기억하고 지속적으로 유지하는 것이 이 대회의 목적이라고 생각하기에 우리의 활동은 더 의미 있다고 생각합니다. 계속해서 탐구하며 좋은 결과를 기대하고 기획한 구체적인 항목들을 하나씩 해 나아가는 게 우리의 목표이며, 건강히 활동을 잘 마무리하고 쉽게 얻기 힘든 결과를 얻어낸 것 같아 자부심이 듭니다.

참고문헌

- 정민선·안기용·황준필, 『콘크리트의 알칼리이온 침출에 따른 생태독성평가』, 한국콘크리트학회 2012 가을 학술대회 논문집, 2012.
- 환경정책기본법 시행령 [별표 1] 〈개정2020.5.12.〉 환경기준(제2조 관련).
- 제주의 소리, 하천 범람 실효성 논란 제주 저류지 '정밀조사'한다(http://www.jejusori.net/news/articleView.html?idxno=319877), 2020.09.08.
- 제주의 소리, 연이은 태풍에 제주 하천 범람 막은 한천 저류지 만수위(http://www.jejusori.net/news/articleView.html?idxno=319844), 2020.09.07.

'세일스팀' 팀을 향한 박사님의 총평!

검토자 소속: 국립생태원 생태계서비스팀

검토자 성명: 권혁수

나무는 토양을 잡아 주고 흐르는 빗물을 저장하는 기능을 갖습니다. 그래서 나무가 적은 곳에 비가 갑자기 많이 내리면 산사태가 발생하여 사람들은 재산이나 인명 피해를 입습니다. 산 주변을 개발하거나 기후변화에 따른 불규칙적인 강우는 이 피해를 더 크게 만들기도 합니다. 예전에 서울 우면산에 큰 비가 내려 큰 산사태가 발생한 적이 있었는데, 위에서 말했던 이유로 많은 재산 피해가 났습니다.

이러한 위험을 막기 위해 우리는 사방댐이나 저류지를 만듭니다. 저류지는 태풍이나 홍수 등으로 갑자기 많은 빗물이 흐를 때, 잠시 모아 두었다가 흘려보내 피해를 줄이는 역할을 합니다.

이번 대회를 통해 기능적으로나 생태적으로 우수한 저류지 구조를 만드려는 학생들의 노력을 보면서, 우리 어른들도 미래세대들의 이런 고민들을 함께 했으면 좋겠다는 생각을 하게 되었습니다. 추가적으로 도로나 농로 옆에 빗물이 잘 빠지도록 수로를 만들기도 하는데, 개구리나 두꺼비는 물론이고 심지어 고라니가 빠져 구조되기도 합니다. 이러한 문제를 해결하기 위해 많은 전문가들이 야생동물 탈출로라는 구조물을 만들어 설치하기도 합니다. 이러한 구조물을 찾아본다면 좋은 비교가 될 것 같습니다. 모두 수고 많았습니다.

우리 지역 화포천 습지의
생태계서비스 탐구

팀원 진영금병초 이유현, 박소현, 진영여중 강주현, 이소정

지도교사 배은영

주제 정하기

"습지의 기능, 얼마나 알고 있나요?"

계획하기

화포천 습지

"화포천 습지의 가치를 탐구하자!"

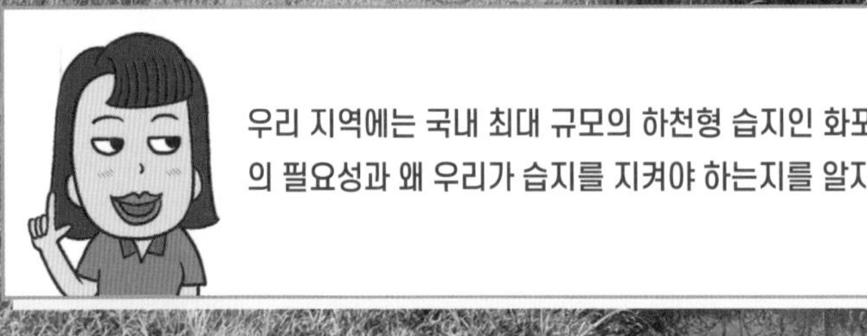

우리 지역에는 국내 최대 규모의 하천형 습지인 화포천 습지가 있습니다. 하지만 습지의 필요성과 왜 우리가 습지를 지켜야 하는지를 알지 못하는 사람이 아직 많습니다.

화포천 습지는 2008년에 시작된 정화 활동 이전까지 주변 공장의 폐수와 몰래 버려진 쓰레기로 심한 악취만 풍기던 곳이었습니다. 현재는 꾸준히 생태계복원사업이 진행되고 있지만 여전히 습지 주변으로 다양한 오염원들이 존재하고 있습니다.

그래서 우리는 습지의 보존을 위해 그 가치에 대한 지속적인 탐구가 필요하다고 생각했습니다. 특히 습지의 기후 조절 기능에 대한 인식이 낮은 것을 인지하고, 화포천 습지의 온실가스 조절 능력에 대한 탐구를 시작하기로 했습니다.

습지의 기후 조절 기능은 이산화탄소를 흡수하는 기능과 주변 온도를 조절하는 두 가지 기능으로 구분됩니다. 도시와 습지의 이산화탄소 농도와 온도를 비교한 후에 분석하면 더욱 효과적으로 설명할 수 있습니다.

화포천 습지, 친환경 논습지, 도심지 각각의 장소에서 대기 중 이산화탄소, 온도, 습도를 함께 측정하고 비교할 예정입니다. 또한 습지에 살고 있는 동식물을 조사하여 화포천 습지의 생태적 가치를 알아보고, 우리의 탐구 결과를 통하여 화포천 습지로부터 받고 있는 생태계서비스를 더 가치 있게 누리기 위해 우리가 해야 할 역할이 무엇인지를 제안해 볼 것입니다.

활동 1 | 화포천 습지, 친환경 논습지, 도심지에 서식하는 동식물 탐구하기

1) 화포천 습지에 서식하는 동식물

갈대와 물억새 비교

왕버들과 버드나무 비교

늦반딧불이

파랑새

물총새

황조롱이

화포천 습지는 물, 흙, 생명이 조화롭게 이루어진 곳으로 물가엔 벼과식물인 물억새, 갈대의 분포 비중이 높다는 것을 알 수 있었습니다. 물억새는 습지 식

생이고 1년에 1~2번 물에 잠기는 곳에 삽니다. 벼과식물은 습지로 유입된 물의 인과 질소를 제거하여 수질 개선에 도움을 주며, 겨울에는 독수리를 비롯한 노랑부리저어새, 고니 등 수십 종의 겨울철새들에게 휴식처가 되어 주고 먹이를 제공합니다.

수서곤충은 채집이 불가한 습지보호구역이라 관찰하기가 어려웠습니다. 그렇지만 화포천 습지 홍보 책자를 통하여 많은 수서곤충들도 살아가고 있음을 알 수 있었습니다.

문헌 조사 - 생물 800여종				
식물 및 수서곤충	민물고기 34종	동물 수십 종	멸종위기 야생생물 24종	계절 철새 수십 종
물억새, 노랑어리연꽃, 창포, 갈대, 물자라, 물방개 등	잉어, 백조어, 버들붕어, 배스 등	너구리, 고라니, 두더지 등	삵, 귀이빨대칭이, 황새, 독수리, 수달 등	파랑새, 노랑부리저어새, 고니, 오리류 등
화포천 습지 현장 조사				
식물	곤충	동물	계절철새	텃새
강아지풀, 억새, 개망초, 갈대, 왕버들, 마름, 환삼덩굴, 개구리밥 등	매미, 늦반딧불이, 네발나비, 메뚜기 외 다수	두꺼비, 왕우렁이, 논우렁이, 두더지, 달팽이	파랑새, 꾀꼬리, 물총새	딱새, 참새, 왜가리, 붉은머리오목눈이, 청딱따구리, 황조롱이, 흰뺨검둥오리, 오색딱따구리

2) 친환경 논습지에 서식하는 동식물

네발나비와 개망초

알을 낳는 왕우렁이

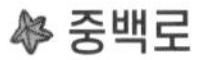 중백로

청딱따구리

경남 김해시의 친환경 논습지인 퇴래들은 왕우렁이 농법을 이용하는 곳으로 왕우렁이를 쉽게 관찰할 수 있었습니다. 측정 장소 주위에서 가장 많이 보인 식물은 강아지풀과 개망초였습니다. 또한 퇴래들에는 쇠백로, 중대백로들이 자주 보였으며, 그 외 왜가리, 까치, 참새, 딱새 등이 쉽게 관찰되었습니다. 몽골에서 날아오는 수백 마리의 독수리에게 인공먹이를 제공하는 장소가 퇴래들이라는 사실도 알 수 있었습니다.

친환경 논습지 현장 조사			
식물	곤충	동물	텃새
벼, 개망초, 강아지풀, 토끼풀, 물억새 등	메뚜기, 여치, 잠자리, 네발나비 등	왕우렁이, 논우렁이, 두꺼비	왜가리, 백로, 까치, 참새, 까마귀, 딱새 등

3) 도심지에 서식하는 동식물

도심은 이팝나무가 2m 간격으로 식재되어 있고 직박구리, 비둘기가 보였으며 매미 소리가 들렸지만 다른 동식물들은 관찰되지 않았습니다.

이팝나무 가로수

화포천 습지는 육상생물과 수생생물을 모두 아우르는 곳입니다. 물과 육지를 이어 주는 곳으로 육상생물도 습지에 기대어 살아가고 있습니다.

친환경 논습지 또한 화포천 습지와 비슷한 환경을 제공하였지만 사람에 의해 경작되는 곳으로 화포천 습지만큼의 다양한 생물들이 관찰되지는 않았습니다. 또한 생물의 군집도가 화포천 습지만큼 형성되지 않아 동식물들의 서식처 제공 기능이 낮다는 걸 알았습니다.

도심지는 사람들의 이동이 많고 생물이 풍부하지 않아 관찰할 수 있는 개체수가 극히 적었습니다. 사람이 사는 곳과 멀어질수록 생물의 수가 늘어남을 확인할 수 있었습니다.

활동 2	화포천 습지와 친환경 논습지, 도심지에서 이산화탄소(CO_2) 수치를 측정·비교 탐구하기

1) 탐구 준비 및 계획

① 각 지역의 이산화탄소(CO_2), 온도, 습도를 8, 9, 10월 3개월 동안 주 2회 측정했습니다.

② 오전 8시, 오후 12시 30분, 해진 후 저녁 8시에 하루 세 번씩 측정했습니다.

③ 측정 장소는 각각의 장소에서 그늘이 지지 않는 곳으로 정했습니다.

멘토 tip!

기온·습도·기압 등을 측정할 때는 직사광과 복사열의 영향을 받지 않도록 비늘창으로 사방을 둘러치고, 천장에는 공기가 드나드는 통을 달아 통풍이 잘 되도록 만든 백엽상 안에 측정 기구를 두고 재는 것이 좋습니다.

우리가 만들고 설치한 다양한 백엽상들

④ 백엽상 키트를 구매해 제작한 후, 지상 1.5m에 측정기를 설치했습니다. 맑은 날 위주로 측정을 진행했습니다.

⑤ 기상청에서 제공하는 온도, 습도, 바람의 수치를 측정 시간과 함께 기록했습니다.

⑥ 수치의 오차 범위를 줄이기 위해 측정기 설치 후 10분이 지난 뒤에 1분 단위로 10분간의 수치를 기록하고 시간별, 지역별, 월별의 평균값을 반영했습니다.

각각의 측정지에서 수치 확인

2) 탐구 결과

✓ 각 지역의 대기 중 CO_2 농도 측정 결과

하루 중 오전 8시의 CO_2 농도가 가장 높았으며, 낮 12시 30분의 수치가 가장 낮았습니다. 낮 동안 식물의 활발한 광합성 활동으로 대기 중 CO_2가 낮아진 것으로 보이며, 밤 동안 식물의 호흡으로 인해 대기 중 CO_2 농도가 높아진 것을 알 수 있었습니다. 또한 도심지>친환경 논습지>화포천 습지 순으로 농도가 높아 습지가 CO_2를 흡수하여 온실가스를 조절하는 것을 확인할 수 있었습니다.

멘토 tip!

측정값은 평균값만 제시하는 것보다 측정 기간 동안 매일의 원 데이터를 표의 형태로 제시하고, 평균은 표의 마지막에 나타내는 것이 좋습니다. 표와 함께 종합적인 결과는 그래프를 이용하면 더욱 좋습니다. 표와 그래프를 제시한 후에 아래쪽에는 표와 그래프에서 알 수 있는 내용을 간단히 서술해 주면 됩니다.

8월 지역별 CO_2 농도 측정 결과 (단위:ppm)									
장소 / 날짜	화포천 습지			친환경 논습지			도심지		
	08:00	12:30	20:00	08:00	12:30	20:00	08:00	12:30	20:00
8월 24일	444	395	420	458	389	414	458	389	414
8월 25일	454	429	457	476	398	429	476	398	429
8월 28일	410	380	414	409	420	442	409	420	442
8월 31일	454	396	421	475	410	417	475	410	417
평균	441	400	428	455	404	426	504	443	443
월평균		423			428			463	

9, 10월 지역별 CO_2 농도 측정 결과 (단위:ppm)									
장소 / 날짜	화포천 습지			친환경 논습지			도심지		
	08:00	12:30	20:00	08:00	12:30	20:00	08:00	12:30	20:00
9월 1일	421	391	448	413	387	499	480	417	437
9월 3일	401	406	418	409	408	426	434	404	417
9월 4일	444	410	446	448	402	504	476	430	457
9월 8일	406	410	451	406	404	432	443	437	452
9월 10일	449	406	479	443	437	452	449	406	479
9월 14일	456	407	461	462	402	491	506	421	461
9월 15일	443	415	455	450	407	474	491	430	428
9월 29일	440	393	445	436	396	485	506	450	461
10월 6일	422	405	449	441	396	433	475	437	469
10월 8일	402	403	401	397	392	399	407	429	426
10월 13일	464	408	426	482	413	423	449	433	433
평균	432	405	444	435	404	456	471	427	447
월평균		427			432			448	

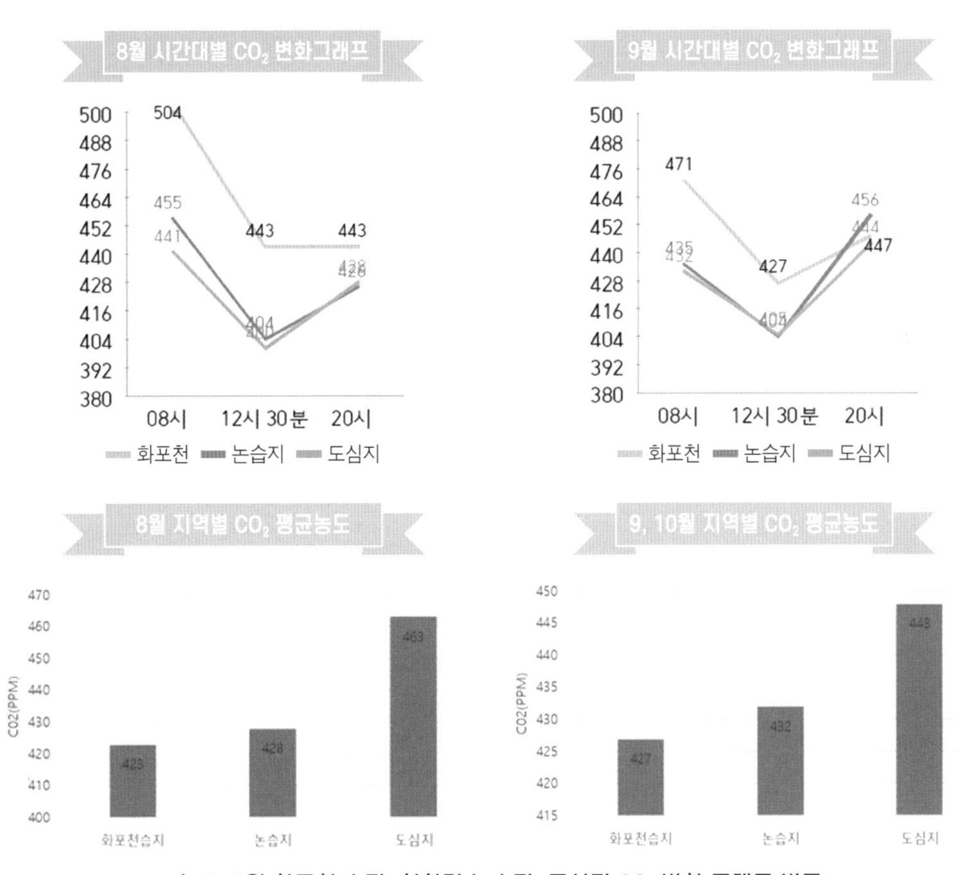

8, 9월 화포천 습지, 친환경 논습지, 도심지 CO_2 변화 그래프 비교

✓ 각 지역의 기온 측정 결과

8월 중 24일과 25일은 폭염 특보가 내려진 날로, 지역별로 기온 변화의 큰 차이를 확인하였습니다. 폭염특보가 내려진 이틀간 습지의 기온 변화는 하루 평균 3~5℃의 기온 차이를 보였지만 도심지는 같은 날, 같은 시간에 6~9℃의 기온 차이를 보였습니다. 특히 8월 24일 오전 8시에서 오후 12시 30분까지는 10℃의 온도 차이가 난 것을 확인할 수 있었습니다.

이것으로 우리는 도심지의 심각한 열섬현상을 확인할 수 있었으며, 습지의 온도 변화가 도심지에 비해 그 차이가 크지 않은 것으로 보아 습지가 가진 기후 조절 능력을 확인할 수 있었습니다.

8월 지역별 온도 측정 결과 (단위: ℃)									
장소 / 날짜	화포천 습지			친환경 논습지			도심지		
	08:00	12:30	20:00	08:00	12:30	20:00	08:00	12:30	20:00
8월 23일	27	33	27	25	30	25	25	30	27
8월 24일	27	32	27	24	30	27	24	34	27
8월 25일	28	31	27	25	32	27	26	33	28
8월 28일	27	26	27	25	26	25	25	28	25
8월 31일	25	26	25	25	25	22	27	26	24
평균	27	30	27	25	29	25	25	30	26

9월 지역별 온도 측정 결과 (단위: ℃)									
장소 / 날짜	화포천 습지			친환경 논습지			도심지		
	08:00	12:30	20:00	08:00	12:30	20:00	08:00	12:30	20:00
9월 1일	24	27	26	24	26	26	23	28	25
9월 3일	24	24	21	23	25	23	27	25	22
9월 4일	22	26	22	24	26	22	23	26	24
9월 8일	21	24	22	22	22	23	21	26	23
9월 10일	23	24	24	21	26	23	23	24	24
9월 14일	20	24	22	21	24	22	21	23	21
9월 15일	23	25	21	21	26	21	21	25	21
9월 29일	17	24	18	16	23	19	13	21	18
평균	21	25	22	22	25	22	22	25	22

10월 지역별 온도 측정 결과 (단위: ℃)									
장소 / 날짜	화포천 습지			친환경 논습지			도심지		
	08:00	12:30	20:00	08:00	12:30	20:00	08:00	12:30	20:00
10월 6일	16	21	17	17	21	15	15	19	16
10월 8일	17	20	17	15	19	15	17	18	16
10월 13일	15	21	16	15	19	12	13	17	16
평균	16	21	17	16	20	14	15	18	16

8월 24일(폭염 특보) 기온 변화 (단위: ℃)			
시간 / 장소	오전 08:00	오후 12:30	저녁 20:00
화포천 습지	27	32	26
친환경 논습지	24	30	27
도심지	24	34	27

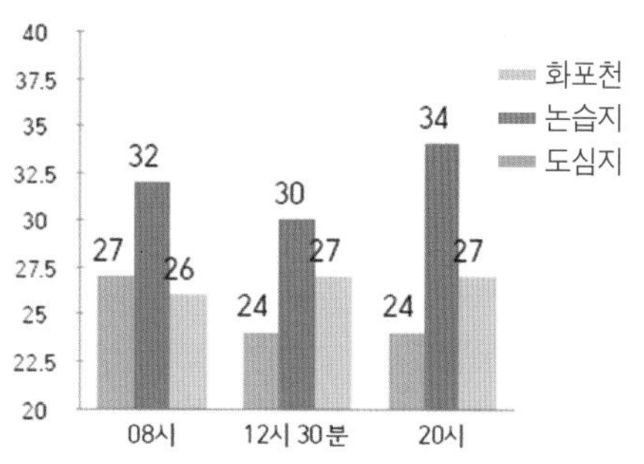

8월 24일 기온 변화 비교 그래프

8월 25일(폭염 특보) 기온 변화 (단위: ℃)			
시간 / 장소	오전 08:00	오후 12:30	저녁 20:00
화포천 습지	28	31	27
친환경 논습지	25	32	27
도심지	26	33	28

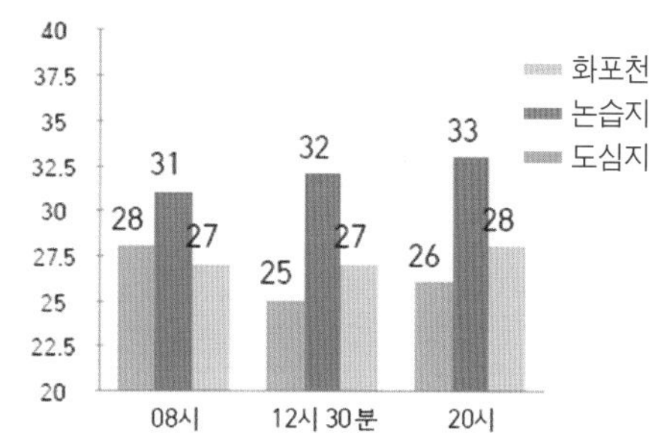

8월 25일 기온 변화 비교 그래프

화포천의 기후 조절 기능을 통한 경제적 가치를 환산하였을 때 '연간 43억 원'을 기대할 수 있다고 합니다. 이는 곧 우리가 현재 무상으로 받고 있는 생태계서비스의 비용을 말하는 것이기도 합니다. 하지만 10여 년 전만 해도 화포천 습지는 사람들의 무관심 속에 오염되었던 곳입니다. 그러나 이곳을 지키고자 하는 사람들의 노력의 결과로 현재는 많은 이들이 휴식을 위하여 찾아오는 곳으로 되살아났습니다.

자연의 회복력은 우리가 생각하는 것보다 훨씬 빠르고 강력합니다. 가까운 거리는 걸어 다니기, 자전거 이용하기, 제철과일 먹기 등의 실천으로 나부터 하나의 변화된 행동이 필요할 때라고 생각합니다. 우리는 화포천 습지의 가치를 알리기 위한 꾸준한 연계활동 실천을 목표로 이 탐구를 마칩니다.

느낀 점 나누기

8월의 푸릇한 논은 우리들의 측정 마무리와 함께 추수가 시작되었습니다. 한낮의 태양을 그대로 맞으며 측정하던 시간이 엊그제 같은데 벌써 우리의 결과도 추수를 기다리는 벼들과 같이 열매를 맺었습니다. 특히 올 여름은 53일 동안의 긴 장마와 잦은 태풍의 영향으로, 일주일에 두 번씩, 맑은 날에 하기로 한 측정 수칙을 실천하기가 어려웠습니다. 또한 올 여름 화포천은 물을 담고 있는 날이 많아 출입금지 기간도 상당히 길어 식물을 관찰하기가 어려웠습니다. 그럼에도 화포천 팀과 논습지 팀은 측정하는 기간 틈틈이 식물과 곤충, 새들을 관찰할 수 있었는데, 도심지 팀은 매번 지나가는 행인들의 호기심 어린 눈빛을 이겨내며 묵묵히 측정을 진행하느라 힘들었습니다.

측정 초반에 측정 환경의 오류를 발견하고 수정하는 과정에서 2주간의 결과가 모두 물거품이 되는 상황도 있었습니다. 즐거울 줄만 알았던 탐구 활동은 때때로 힘들고 어려웠지만 팀원들과 안전사고 없이 잘 마무리 하게 되어 뿌듯합니다. 코로나 때문에 많은 일정들이 변경되었지만 주어진 상황 속에서 열심히 활동한 우리 팀원들이 자랑스럽습니다.

아침에 눈뜨면 맑은 햇살과 신선한 공기를 맡을 수 있는 것이 당연한 줄 알았지만 긴 장마로 인해 맑은 날의 소중함을 알았고, 잦은 태풍과 폭우로 인한 산사태와 홍수를 겪으며 기후의 변화된 모습이 얼마나 무서운지 알 수 있었습니다. 우리는 수많은 생태계서비스를 받으며, 무엇으로 보답하고 있었는지에 대한 고민을 할 수 있는 탐구였으며 내년에도 꼭 참여하고 싶습니다.

참고문헌

- 이상현·조윤철, 『생태적 인공습지를 이용한 회야댐 수질개선에 관한 연구』, 한국습지학회, 2011.
- 강호정·송근예, 『인공습지를 이용한 수처리 효율 및 향후 연구제언』, 한국습지학회, 2004.
- 광주광역시보건환경연구원, 『광주지역 기온변화 예측과 CO2, CO, 상대습도와의 상관성분석』, 대한환경공학회지, 2009.
- 국립생태원 블로그(blog.naver.com/nie_korea)
- 화포천습지생태박물관 홈페이지(hwapo.gimhae.go.kr)
- 기상청 기후정보포털(www.climate.go.kr)

‘유노이아’ 팀을 향한 박사님의 총평!

검토자 소속: 국립생태원 생태계서비스팀

검토자 성명: 김성훈

화포천 습지가 주는 다양한 혜택을 알리기 위해 지속적인 현장 조사와 탐구를 수행하느라 고생 많았습니다. 학생들이 무더운 여름날 땀 흘려 고생한만큼 멋진 연구 결과가 도출되어 저 또한 매우 뿌듯합니다.

생물상 조사와 CO_2 농도, 기온 측정을 위한 현장 조사를 일목요연하게 정리한 탐구 결과를 통해 화포천 습지의 가치를 조명한 것은 무척 뜻깊은 연구입니다. 나아가 설문 조사를 통한 화포천 습지의 경제적 가치까지 고찰한 것은 생태계서비스 평가의 시작과 끝을 모두 보여주는 멋진 연구였습니다.

유노이아 팀의 열정과 노력에 다시 한 번 박수를 보냅니다. 학생 여러분들에게 이번 탐구대회 동안의 활동이 생태계서비스를 통해 일상에서 느끼는 자연의 소중함을 다시 한 번 생각하는 계기가 됐길 바랍니다. 그리고 이 책을 읽고 탐구대회 도전에 꿈을 품는 다른 학생들에게도 좋은 선례로 남길 바랍니다. 모두 수고 많았습니다. 생태계서비스에 대한 여러분의 관심과 고민을 응원합니다.

우리 마을 공원의 생태계서비스
탐구와 생태 보드게임 만들기
우수상
생생지도
팀원 익산중 엄재윤, 백제초 김하율, 영등초 박순형
지도교사 박바로가
박바로가
기후변화와 구상나무

주제
정하기
우리 마을에 있는
영등시민공원을
소개합니다!
우리 마을 공원에는
다양한 동식물들이
살고 있습니다.
마을 공원이
우리에게 주는
생태계서비스에는
어떤 것들이 있을까요?

계획하기

"우리 마을 공원은 우리에게 어떤 생태계서비스를 제공할까?"

우리가 사는 익산시에는 영등시민공원이 있습니다. 익산 영등시민공원은 동쪽과 서쪽에 학교 숲을 양쪽으로 끼고 있고 북쪽으로는 논밭을 끼고 있어서 다른 여느 공원보다 더 좋은 자연 조건을 가지고 있습니다.

우리는 직접 탐사하고 탐구할 수 있는 영등시민공원에서 생태계서비스를 탐구하는 것이 좋겠다 생각했습니다. 그리고 실제로 방문해 보니 정말 다양한 풀들과 새들, 곤충들이 많았습니다.

그래서 이런 내용을 다른 사람들에게 적극적으로 알리기 위해 보드게임과 설문지를 제작하고, 우리 동네 공원의 동식물을 탐구해 보려고 합니다.

영등시민공원의 동식물을 탐구한 후에는 관찰한 결과(사진이나 스케치 등)를 공원 내 구역지도와 함께 제시하면 좋을 것입니다.

보드게임을 만들 때는 글자보다 사진이나 그림을 배치하는 것이 좋습니다. 그래서 도감을 보고 찾는 것보다는 참가자들이 직접 공원에 나가서 눈에 잘 보이고, 찾기 쉬운 것 위주로 사진을 찍어 보드판을 만드는 것이 좋을 것입니다. 게임에 참여한 사람들이 후에 공원에 가서 직접 확인할 수 있도록 큰 나무나 잘 보이는 새를 중심으로 보드판을 만들면 더 큰 즐거움을 줄 수 있을 것입니다.

활동 1	우리 마을 공원이 주는 생태계서비스 탐구하기

1) 마을 공원의 생물다양성 탐구 및 생물 지도 만들기

영등시민공원이 푸른색으로 가득하던 5월부터 붉은 낙엽이 지는 10월까지 우리는 여러 날 공원을 찾았습니다. 코로나19의 영향으로 약속한 날에 다 함께 탐구하는 것이 힘든 날도 많았지만 약속한 대부분의 날에 오전 10시부터 2시간씩 탐구를 진행했습니다. 가까이에서 확인할 수 없는 개체는 쌍안경으로 확인하고, 눈에 보이는 곤충과 식물, 일부 조류는 사진으로 담았습니다. 그리고 문헌조사를 통해 해당 개체를 동정했습니다.

쌍안경을 활용한 조류 탐구

영등공원에서 발견한 초본과 목본

영등공원에서 발견한 조류

조류는 박새, 물까치, 쇠딱따구리, 때까치, 까치, 참새, 직박구리, 멧비둘기, 어치, 후투티가 있었고, 곤충은 지네, 머리먼지벌레, 남부부전나비, 왕파리매, 매미, 박각시나방 애벌레, 방아깨비, 팥중이, 잠자리, 고마로브집게벌레, 각다귀, 강도래 등이 있었습니다. 식물 중 초본에는 매꽃, 토끼풀, 민들레, 바랭이, 구절초, 회양목, 미국낙상홍, 닭의장풀, 개망초, 돌콩, 강아지풀 등이 있었고, 목본에는 아까시나무, 느티나무, 벚나무 등이 다양하게 있었습니다.

동식물 개체를 확인한 후에 생물 지도를 만들었습니다. 먼저 영등시민공원의 지도를 그래픽으로 만들고, 우리가 발견한 동식물의 위치를 지도에 표시했습니다.

생물 지도 제작

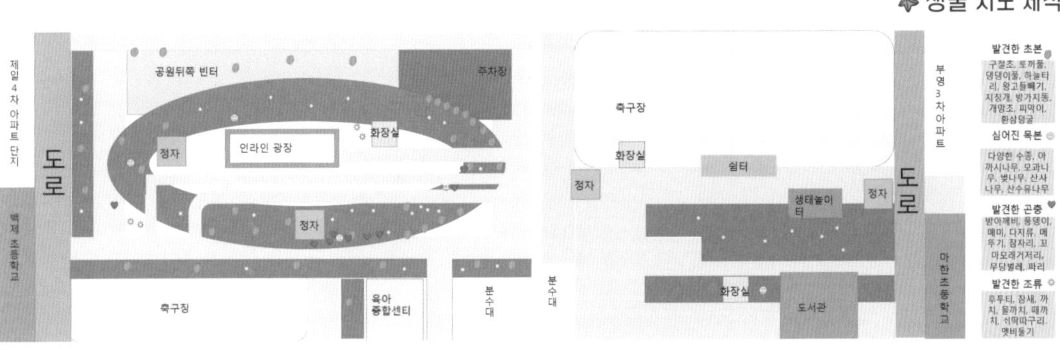

2) 마을 공원의 생태계서비스 인식 조사하기

설문지를 제작해 지역 주민들 35명에게 배포한 후 결과를 추렸습니다. 설문 조사의 내용은 공원의 주된 이용 목적이 무엇인지 답하는 것과 공원에서 보고 기억하는 동식물을 표시하는 인식 조사를 함께 진행했습니다.

※ 응답 연령대: 10대 17.1% / 20대 2.9% / 30대 11.4% / 40대 40% / 50대 28.6%

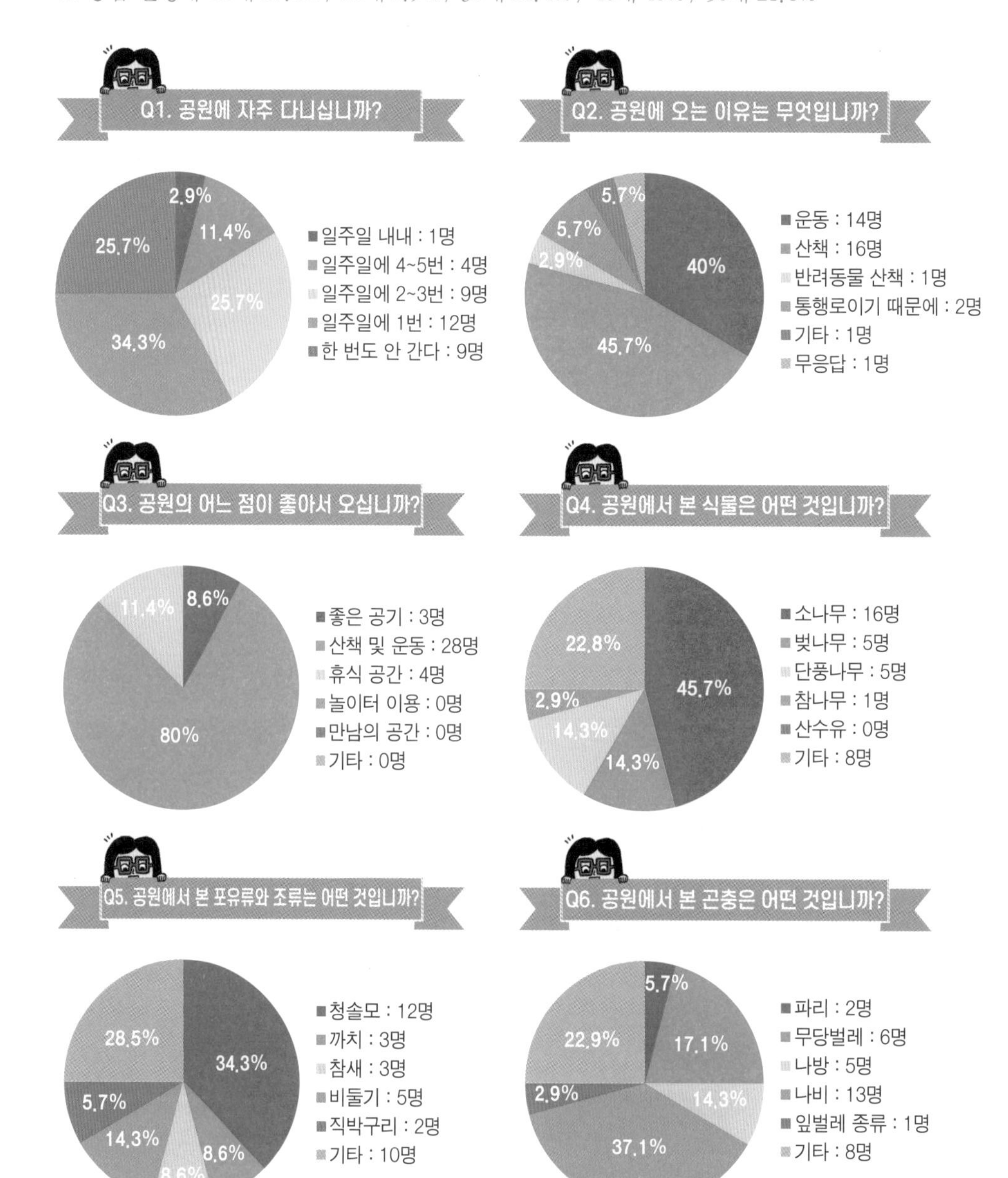

영등시민공원에 서식하고 있는 동식물을 조사하고 그에 따른 생물 지도를 만들면서 얼마나 많은 동식물이 우리와 함께 숨쉬며 살고 있는지 알 수 있었습니다. 그리고 지역 주민들이 인식하는 공원이 주는 생태계서비스가 다음과 같다는 것을 알 수 있었습니다.

- 문화서비스 : 산책과 운동
- 조절서비스 : 동식물 다양성
- 지지서비스 : 공기 공급

지역 주민들을 대상으로 한 공원 내 동식물의 인식 조사를 통해서는 생각보다 많은 사람들이 공원 내에 있는 동식물에 대해 알지 못하고 있다(35명 중 30명)는 사실을 알 수 있었습니다. 설문 문항의 동식물은 비교적 친근하고 알기 쉬운 개체들을 선정했음에도 불구하고 아쉬운 결과가 나와 안타까운 마음이었습니다.

활동 2 | 생태계서비스 보드게임 제작하기

공원에 서식하는 다양한 동식물을 재밌게 인식하고, 그 동식물들에 대한 생태 정보를 쉽게 제공할 수 있도록 생태계서비스 보드게임을 제작했습니다. 우리가 발견한 동식물의 특징을 조사하여 보드판을 만들고, 탐구 활동을 하면서 찍은 동식물의 사진을 바탕으로 동식물의 모습을 직접 그려서 카드를 만들었습니다. 게임 방법은 많은 사람들이 최대한 쉽고 재밌게 참여할 수 있도록 머리를 맞대고 짰습니다.

카드에 동식물 그림 그리기

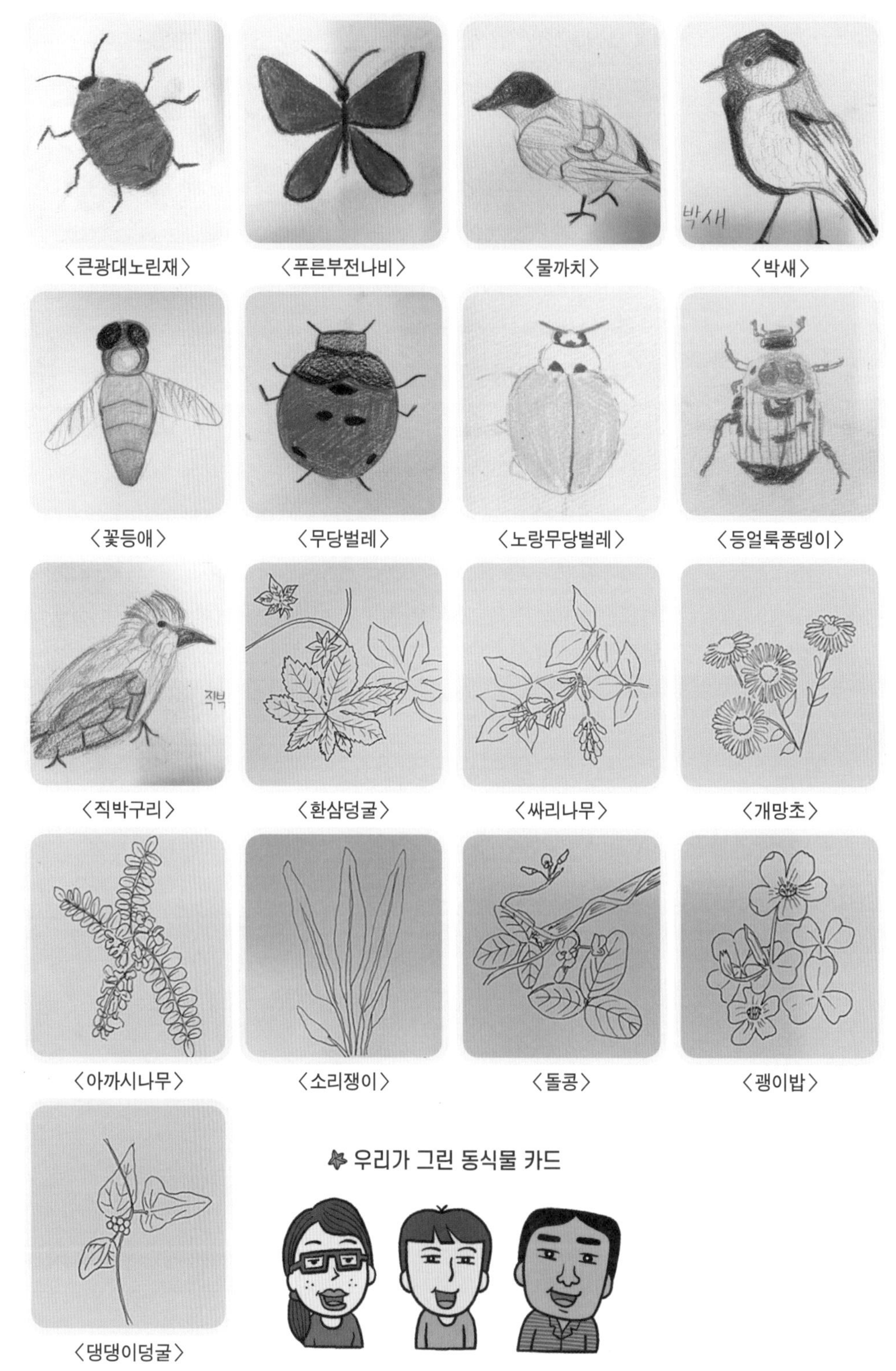

〈큰광대노린재〉 〈푸른부전나비〉 〈물까치〉 〈박새〉

〈꽃등애〉 〈무당벌레〉 〈노랑무당벌레〉 〈등얼룩풍뎅이〉

〈직박구리〉 〈환삼덩굴〉 〈싸리나무〉 〈개망초〉

〈아까시나무〉 〈소리쟁이〉 〈돌콩〉 〈괭이밥〉

〈댕댕이덩굴〉

우리가 그린 동식물 카드

후투티가 농약으로 죽은 지렁이를 먹어요
공원관리인이 하늘타리를 뜯었다
은행나무가 이산화탄소를 흡수해요
물까치가 다른 새의 알을 먹어요
공원나무를 가지치기 해요
독일가문비나무에 새들이 둥지를 틀어요
산수유나무를 베었어요
박새가 나무의 씨앗을 먹었어요
방아깨비를 밟았어요

직박구리가 언 열매를 먹어요
겨울에 낙엽 뒤에 곤충이 숨어있어요
겨울에 직박구리가 먹을 것이 없어요
참새가 먹을 물이 얼었어요
꿀벌 개체수가 줄어들었어요

산수유가 이산화탄소를 흡수했어요.
벚나무를 심었어요
돌콩이 자랐어요
까치가 죽은 지렁이를 먹어요
박새의 둥지가 물에 떠내려 갔어요
직박구리가 우리풀을 먹어요

참새가 꿩의밥 씨앗을 먹었어요
아까시나무를 심었어요
출발
아까시나무가 숲을 건강하게 했어요
직박구리가 차에 치여 죽었어요
참새가 겨울에 얼어 죽었어요
나뭇잎을 전부 모아서 태웠어요
꾀꼬리가 버찌를 먹었어요

아까시나무가 죽었어요
물까치가 무당벌레를 먹었어요
아까시나무에서 벌이 꿀을 얻어요
단풍나무가 산소를 배출해요
참새가 꽃의 꿀을 빨아 먹어요
참새 먹이가 없어요

나무 그늘이 시원해요
땅강아지가 밟혀 죽었어요
매미가 죽었어요
꾀꼬리가 공원에 왔어요
후투티가 공원에 왔어요
흰나비가 씀바귀꿀을 빨아먹어요
벚꽃나무에 버찌가 열렸어요
도착

✤ 동식물의 특징을 담은 보드판 제작하기

생태계서비스 보드게임 방법

① 식물, 곤충, 조류 각각 서로 다른 생태계서비스 카드 3세트, 말판, 주사위로 구성
- 곤충 중 이름이 없는 카드는 와일드카드(조커)로 곤충이 죽었을 때 곤충의 역할을 한다.

② 각 종류별 카드를 각각 종류별로 잘 섞은 후 참가자들은 카드를 뒤집은 상태에서 식물 1장, 곤충 4장, 조류 1장을 가진다.

③ 나누어 가지고 남은 카드는 종류별로 말판 사이에 놓는다.

④ 참가자들은 주사위를 던져, 말판의 메시지 중 특정 동식물이 죽는 메시지가 나오면 그 카드와 상위 포식자 카드도 함께 버려야 한다.
예) 주사위를 던져 '매미가 죽었어요'라는 메시지가 나오고, 내가 매미를 가지고 있으면 매미를 버려야 하고, 상위 포식자인 조류 1장도 버려야 한다.

⑤ 참가자들은 주사위를 던져 메시지 중 특정 동식물이 나오거나, 성장하면 카드를 가지고 온다.
예) 주사위를 던져 '아까시나무를 심었어요'라는 메시지가 나오고, 참가자들 중 아까시나무가 없으면 아까시나무와 함께 곤충 4장, 조류 1장을 가지고 온다.

⑥ 가장 많은 카드를 모으는 사람이 이기는 게임으로, 그 외 말판의 메시지는 그 동식물의 특징을 알려 주고, 내가 모르는 우리 공원의 생태계서비스를 알 수 있다.

활동 3 | 설문 조사와 생태계서비스 보드게임을 활용하여 생태계 인식 탐구하기

1) 설문 조사와 생태계서비스 보드게임 실행하기

먼저 학생들의 가족들과 학생들 친구 가족들에게 보드게임을 할 수 있는 카드 세트를 만들어 배포했습니다. 미리 제작한 설문지를 보드게임 이전에 먼저 응답하도록 권하고, 게임 이후에 인식 변화가 있는지 다시 설문 조사를 했습니다. 우리의 목표는 그냥 보드게임만 한 것뿐인데 어느새 동식물들에 관한 정보를 알 수 있도록 하는 것입니다. 그리고 자연스레 다양한 동식물을 접하게 되어 공원에 있는 동식물에 애착이 갈 것이라고 생각합니다.

생태계서비스 보드게임을 하는 친구들

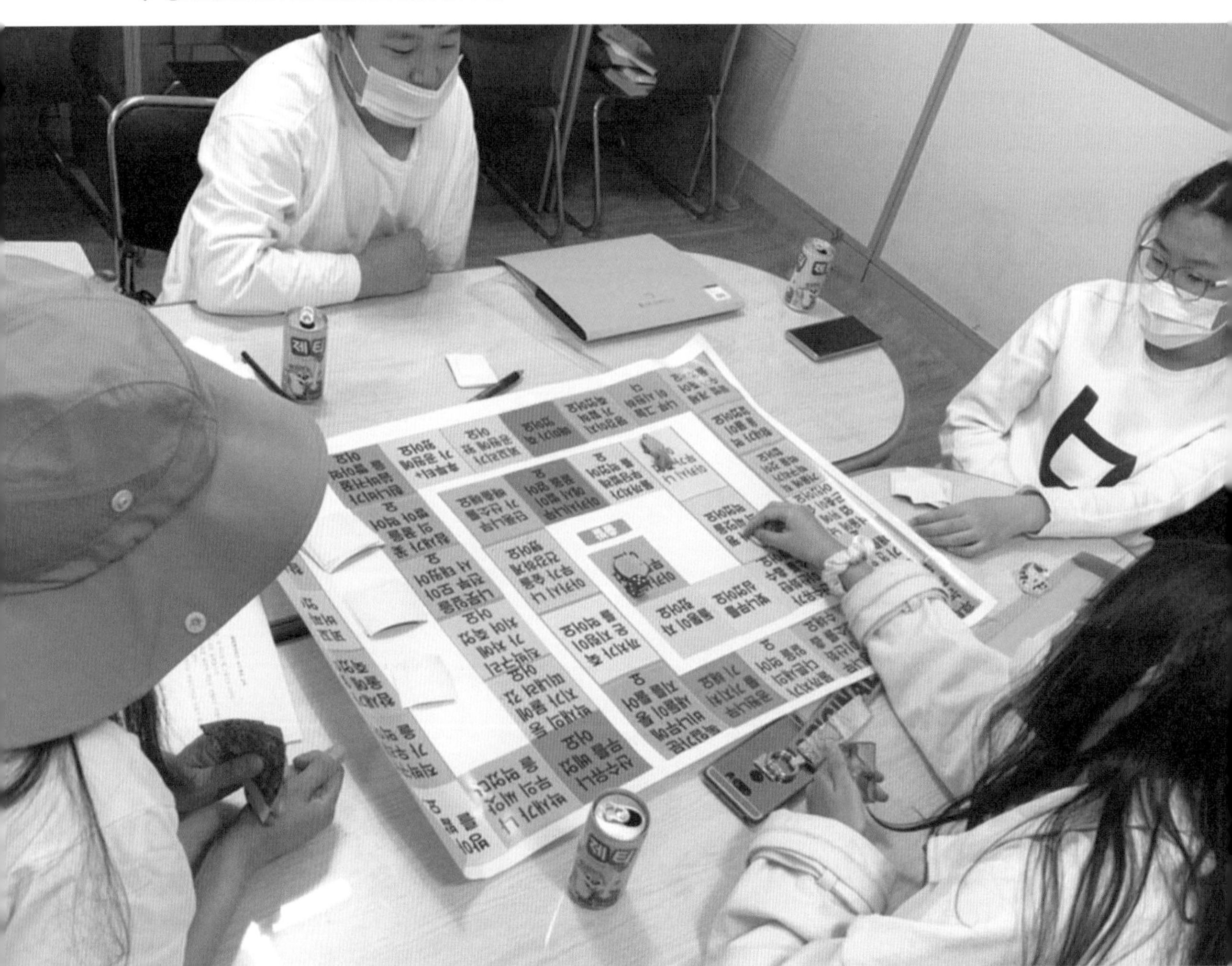

보드게임 이후 조사한 설문 조사 결과는 참으로 반가웠습니다. 공원의 조절기능 중의 하나인 종 다양성에 대한 인식변화가 생겼다고 대답한 사람은 게임에 참여한 9명 중 9명 전원이었고, 모두 보드게임을 통해 공원 동식물의 다양성을 알게 되었다고 답하였습니다.

앞으로도 공원을 홍보할 때 단순한 정보 전달만 하는 것이 아니라 보드게임이라는 놀이를 활용한다면 쉽게 이해할 수 있을 것이라 생각합니다. 공원은 운동하고 산책하는 공간인 동시에 상쾌한 공기, 다양한 동식물과 같은 지지와 조절서비스의 혜택도 준다는 것을 알게 될 것입니다.

탐구 활동을 하면서 만난 익산 영등공원을 담당하는 임형택 시의원께서도 저희 팀의 활동이 좋고 의미 있는 활동이라고 말해주셨습니다. 그리고 이 활동을 시의회에서 소개하겠다 하셨습니다.

영등공원 담당 시의원과의 만남

느낀 점 나누기

마을 공원은 누구나 알 수 있는 동물부터 식물까지 작은 생태계를 이루고 있다는 것을 알게 되었습니다. 시작할 때만 해도 이렇게 많은 동식물이 있는 줄 몰랐고, 식물만 해도 초본과 목본으로 나뉘어 굉장히 방대하게 살고 있다는 것을 깨달았습니다. 게다가 사계절마다 피는 꽃도 다르고 시기마다 오는 철새들도 여름철새, 겨울철새 다 다르다는 것도 알게 되었습니다.

시간이 부족하고, 코로나에 의한 대면 수업이 어려워서 많은 활동을 같이 못하고 각자 맡은 일만 해서 회의하는 식으로 만나는 것이 매우 아쉬웠지만 영등공원의 다양성을 보고 주변 사람들이 놀라는 모습과 영등공원에 대한 애착을 보게 될 때 큰 보람을 느꼈습니다. 앞으로도 익산에서 각 공원마다 동식물 조사 활동을 하면서 우리가 얼마나 많은 생태계서비스의 혜택을 누리는지를 알리고 싶습니다.

그리고 다른 공원들과 학교 숲 역시 익산의 동식물 다양성에 도움을 주는 중요한 자원이라고 생각합니다. 그래서 앞으로는 공원뿐만 아니라 학교숲, 가로수, 산과 들, 논과 습지를 가벼이 여기지 않고 소중한 자연의 일부로 시민들이 인식할 수 있도록 저희가 노력하면 좋을 것 같습니다. 탐구대회를 통해 다짐한 생각들을 꾸준히 실천할 수 있도록 노력하겠습니다.

참고문헌

- 강전유 외, 『나무해충도감 3판』, 소담출판사, 2011.
- 강창완·김은미, 『주머니 속 새 도감』 개정판, 황소걸음, 2016.
- 송기엽·윤주복, 『야생화 쉽게 찾기』, 진선북스, 2014.
- 임권일, 『곤충은 왜?』 시리즈1-2, 지성사, 2017.

'생생지도' 팀을 향한 박사님의 총평!

검토자 소속: 국립생태원 생태계서비스팀

검토자 성명: 권혁수

생생지도 팀은 보드게임과 같은 독창적이고 창의적인 아이디어를 볼 수 있어서 탐구대회 내내 관심있게 지켜보았습니다. 공원과 같은 우리 주변의 자연들을 가지고 탐구를 시작한 것은 생태계서비스 연구로 좋은 출발점입니다. 공원에서 동식물을 구별하고 알아가는 것은 생태계서비스 중에서도 문화서비스(휴양 및 레크리에이션, 생태교육 등)에 해당이 됩니다.

공원에서 생활하는 동식물을 찾아본 후에 사진과 그림을 가지고 만든 카드 또한 무척 훌륭합니다. 보드판도 역시 그렇게 만들었으면 어땠을까 하는 아쉬움이 들지만 충분한 노력이 보여서 대단하게 생각합니다. 이후에 좀 더 보드판을 개선했으면 좋겠다는 생각에 몇 가지 아이디어를 드립니다.

식물들에 비해 새와 곤충은 계절에 따라 다르게 나타납니다. 따라서 우리가 공원을 주로 이용하는 계절에 나타나는 동물을 선택하면 좋을 것 같습니다. 뿐만 아니라 너무 작은 새나 곤충들은 사람들이나 어린 학생들이 발견하기 어려울 수 있습니다. 그래서 주변에서 쌍안경이나 확대경(루뻬)이 아니더라도 잘 볼 수 있는 새나 곤충을 선택했으면 합니다. 추가적으로 우리가 사계절 내내 볼 수 있는 나무들을 주로 배치하고, 우리 눈에 잘 띄는 새와 곤충을 적절히 배치하는 것으로 시작해 보면 어떨까요? 너무 재미있는 주제니 나중에라도 더욱 완성도 있는 보드판을 만들어 보시기를 추천해 봅니다. 만약에 만들어지면 저도 하나 갖고 싶습니다. 정말 수고 많았습니다.

버려지는 볏짚을 이용한 섬유질 단열재 페인트 탐구

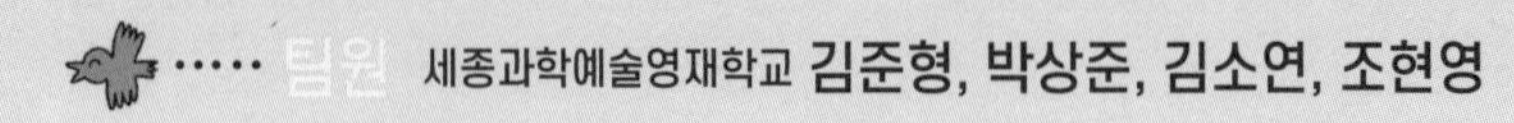

세스콩

팀원 세종과학예술영재학교 김준형, 박상준, 김소연, 조현영

지도교사 정의완

주제 정하기

가을 수확이 끝난 후에 나오는 볏짚의 양이 해마다 700~800만 톤이래!
그렇게나 많아?
우리가 볏짚이 주는 생태계서비스를 탐구해 보자!
남은 볏짚은 가축의 사료나 거름으로 쓴다고 하던데, 더 효율적으로 재사용할 수 있는 방법은 없을까?

계획하기

"버려지는 볏짚의 새로운 활용 방안을 제시하자!"

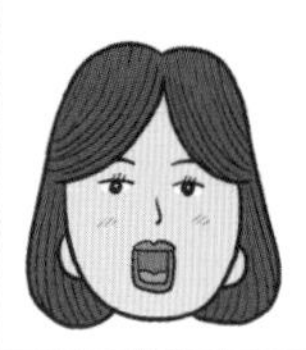

우리는 볏짚의 특성 중 단열 효과에 주목했습니다. 볏짚은 열의 이동을 차단하는 단열 효과가 뛰어나 우리 조상들이 집을 지을 때 단열재로 쓰였습니다.

볏짚을 활용한 친환경 제품을 고민하던 우리는 볏짚을 이용한 단열 페인트를 제작해 보기로 했습니다.

밀가루 풀과 볏짚을 이용하여 볏짚 페인트를 만든다면 환경 친화적인 건축 자재라 할 수 있을 것입니다.

볏짚 페인트를 사용하면 생태계와 온실가스 예방이 가능할 수 있으므로 볏짚으로부터 얻는 생태계서비스를 탐구할 수 있습니다.

멘토 tip!

- 밀가루 풀과 볏짚을 혼합한 것이 페인트로서의 기능을 하려면 점성 외에 건조 후 부착 상태가 유지되는 정도(부착 강도)의 비교도 필요합니다.
- 단열 성능을 평가할 때는 일반 페인트 외에도 시중에 판매되고 있는 단열 페인트를 함께 비교해 보면 볏짚 페인트의 성능을 짐작하는 데 도움이 될 것입니다.

탐구 과정·결과 정리하기

활동 1 밀가루 풀과 볏짚을 혼합한 볏짚 페인트 탐구하기

1) 볏짚 페인트 제작 방법 탐구하기

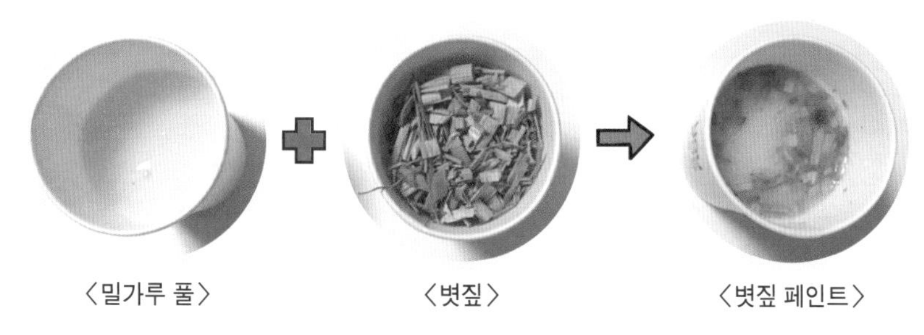

〈밀가루 풀〉 〈볏짚〉 〈볏짚 페인트〉

밀가루 풀과 볏짚을 혼합한 볏짚 페인트 제작

볏짚 페인트 제작을 위해 비슷한 사례가 있는지 선행 조사를 했습니다. 여러 문헌과 온라인 정보를 찾은 결과, 쉽게 구할 수 있는 재료인 밀가루를 활용한 밀가루 풀 페인트가 있다는 것을 알았습니다. 밀가루 풀은 색소를 결합시키고 바탕에 잘 붙게 만드는 특성이 있어서 우리가 만들고자 하는 친환경 볏짚 페인트에 적합했습니다. 우리 팀은 선행 조사한 밀가루 풀 페인트 제작 사례를 참고하여 볏짚 페인트의 다음과 같은 제작 방법을 결정했습니다.

✓ 재료 : 밀가루 200mL, 차가운 물 400mL, 뜨거운 물 200mL, 볏짚, 페인트

✓ 제작 방법

① 밀가루 200mL에 10℃의 차가운 물 400mL를 붓고 고르게 섞습니다.

② 60℃의 뜨거운 물 200mL를 붓습니다.

③ 밀가루 풀이 바닥에 달라붙지 않도록 한 방향으로 저으면서 약한 불에서 가열합니다.

④ 밀가루 풀이 탁한 흰색으로 변하면 볏짚을 적당량 넣고 잘 섞습니다.

2) 밀가루 풀과 볏짚의 최적 비율 탐구하기

페인트를 건물 표면에 바르는 '도료'로 쓰기 위해서는 충분한 점성이 필요합니다. 볏짚 페인트 역시 충분한 점성이 있어야 실제 사용이 가능할 것입니다. 볏짚 페인트의 점성을 확인하기 위해 페인트를 발랐을 때 흘러내리는 데 걸리는 시간을 탐구하기로 했습니다. 먼저 밀가루 풀과 볏짚의 비율을 각기 다르게 혼합한 4개의 실험군을 만든 후에 같은 양씩 덜어내서 같은 높이의 판에 바르고, 5㎝까지 흘러내리는 시간을 측정했습니다.

밀가루 풀과 볏짚의 혼합 비율

	대조군	실험군 1	실험군 2	실험군 3	실험군 4
밀가루 풀(mL)	50	40	30	20	10
볏짚 (mL)	0	10	20	30	40

밀가루 풀과 볏짚의 비율을 다르게 혼합한 실험군 제작

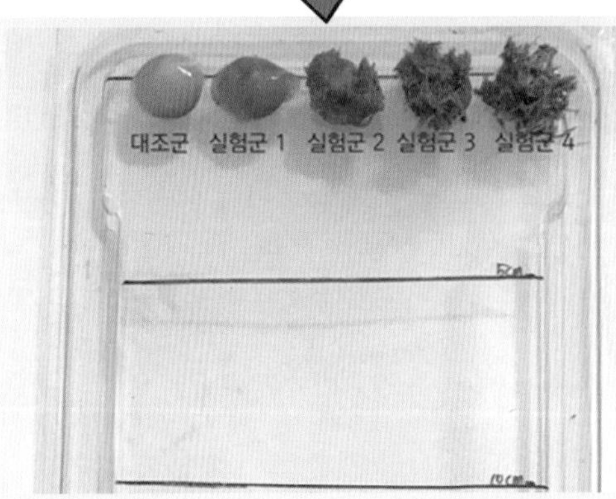

혼합 비율이 각기 다른 볏짚 페인트의 점성 실험군 제작

벗짚 페인트의 점성을 확인하기 위한 실험에서는 실험군 2(밀가루 풀:볏짚=3:2)가 흘러내리는 시간이 가장 오래 걸렸습니다. 따라서 밀가루 풀과 볏짚을 3:2의 비율로 혼합했을 때 점성이 가장 높다는 것을 알 수 있었습니다.

밀가루 풀과 볏짚의 혼합 비율에 따른 5cm 낙하 시간

반복횟수(회)	떨어지는 시간(초)				
	대조군	실험군 1	실험군 2	실험군 3	실험군 4
1	37.46	88.31	110.3	100.05	1.74
2	24.39	90.13	100.39	99.34	2.59
3	31.53	85.28	98.33	95.02	1.94
평균	31.13	87.91	103.01	98.14	2.09

활동 2	볏짚 페인트의 단열 성능 탐구하기

1) 열전도도 측정 실험

첫 번째 활동에서 제작한 볏짚 페인트의 단열 효과를 확인하기 위해 시중에 판매하는 단열 페인트와 단열 성능을 비교하는 실험을 진행했습니다. 단열 성능 실험은 양철 캔에 각각의 페인트를 바른 후에 일정한 시간 후 온도 변화를 측정했습니다.

〈a〉 일반 캔 〈b〉 단열 페인트 캔 〈c〉 볏짚 페인트 캔

단열 성능 실험을 위한 캔 제작

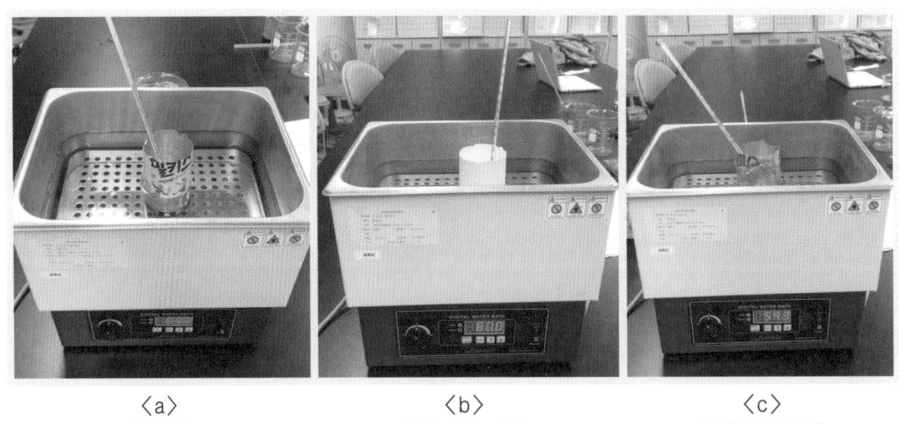

〈a〉
일반 캔

〈b〉
단열 페인트 캔

〈c〉
볏짚 페인트 캔

열전도도 측정 실험

① 일반 캔(a), 단열 페인트를 바른 캔(b), 볏짚 페인트를 바른 캔(c)을 각각 준비합니다.

② 일정한 온도를 유지하는 항온 수조에 물을 받고 온도를 60℃로 설정합니다.

③ 각각의 양철 캔 내부에 20℃의 물을 붓고 10분 간격으로 온도를 측정합니다.

④ 시간에 따른 온도 변화를 측정하여 열전도도를 계산합니다.

시간에 따른 온도 변화를 측정한 결과 아무것도 바르지 않은 일반 캔(a)의 온도 변화가 가장 크게 나타났고, 볏짚 페인트를 바른 캔(c)의 온도 변화가 가장 적게 나타났습니다. 따라서 열전도율이 가장 적은 볏짚 페인트의 단열 성능이 시중에서 판매되는 단열 페인트보다도 더 좋다는 것을 확인할 수 있었습니다.

시간에 따른 온도 변화 수치

	0분	10분	20분	30분	40분	50분	60분	70분	80분	90분	100분
일반 캔(a)	20℃	28℃	35℃	42℃	47℃	51℃	53℃	57℃	58℃	59℃	59℃
단열 페인트 캔(b)	20℃	25℃	29℃	33℃	37℃	40℃	43℃	45℃	47℃	48℃	49℃
볏짚 페인트 캔(c)	20℃	24℃	28℃	31℃	33℃	35℃	38℃	40℃	42℃	43℃	44℃

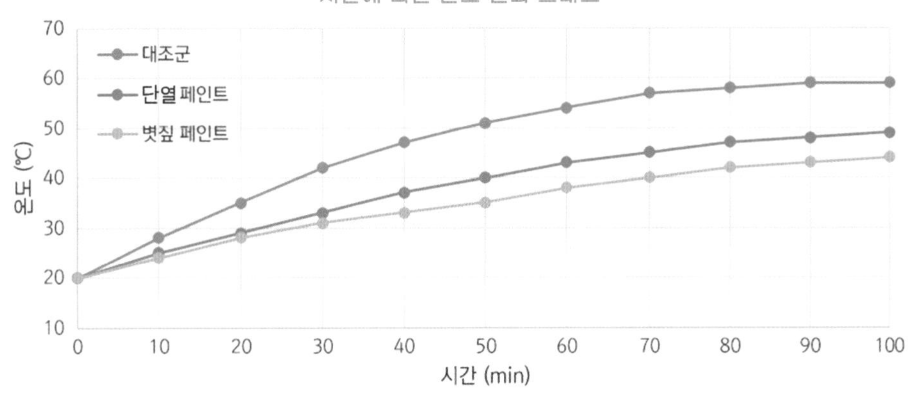

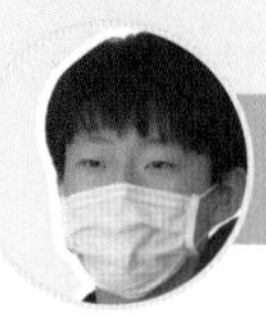

버려지는 볏짚이 많다는 이야기를 듣고, 이를 어떻게 활용할 수 있을지 고민하던 우리 팀은 볏짚을 이용한 단열 페인트를 만들었습니다. 우리가 탐구한 볏짚 페인트를 이용하면 시중의 단열 페인트보다 단열 성능이 더 뛰어난 페인트를 만들 수 있을 것입니다. 이것은 낭비되는 볏짚을 효율적으로 이용할 수 있는 활용 방안이며, 이를 통해 환경 오염의 예방과 생태계 보존의 효과를 관찰할 수 있을 것으로 기대됩니다.

그러나 페인트는 건물 내·외벽에 바르는 만큼, 단열 성능을 평가하는 대표적인 지표인 열전도도 외에도 고려할 것이 많았습니다. 반사율이나 흡습성, 점성 등이 그 예입니다. 탐구를 하면서 이러한 조건을 충족시키는 페인트를 우리가 직접 제작하는 것이 결코 쉽지 않다는 것을 깨닫게 되었습니다. 우리의 탐구가 완벽한 결과물을 만들어 내지는 못했지만, 우리 스스로 환경을 위한 작은 시도를 했다는 것이 뜻깊었습니다. 다른 학생 여러분도 우리처럼 환경을 위한 작은 노력과 시도를 해 보길 바랍니다. 아마 아주 큰 뿌듯함을 느낄 수 있을 것입니다.

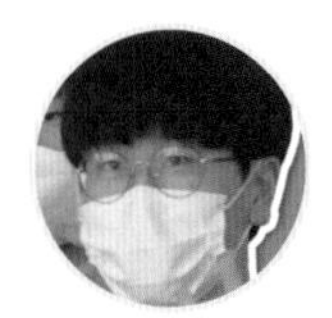

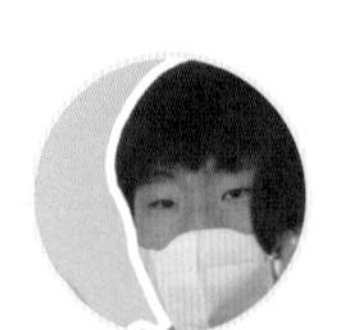

참고문헌

- 황초롱·오승희·김현영·이상훈·황인국·신유수·이준수·정헌상, 『열처리 온도에 따른 더덕과 도라지의 화학성분과 항산화활성』, 한국식품영양과학회지, 40(6). 798-803쪽, 2011.
- 이정임·이시은, 『농업부산물의 에너지 활용 방안』, 정책연구, 1-146쪽, 2016.
- 경남과학고등학교, 『Clay Mineral을 이용한 에너지 절감형 단열벽지 제작 및 효과에 대한 연구(1℃를 잡아라!)』, STEAM R&E 연구결과보고서, 2014.
- 권영철·유형규·이언구, 『환경친화형 섬유질 단열재의 열성능 실험연구』, 대한건축학회 학술발표대회 논문집, 23(1). 601-604쪽, 2003.
- 친환경 밀크 페인트 만들기(https://weekly.donga.com/List/3/all/11/539923/)
- 국효민·윤형근, 『커피찌꺼기를 활용한 단열 페인트 제작』, 한화 사이언스 챌린지, 2016.
- 서울경제, 지진도 이겨내는 친환경 볏짚하우스(https://news.naver.com/main/read.nhn?mode=LSD&mid=sec&sid1=105&oid=011&aid=0001941527), 2008. 02. 25.

'세스콩' 팀을 향한 박사님의 총평!

검토자 소속: 국립생태원 생태계서비스팀

검토자 성명: 권혁수

도시에 많은 사람들이 모여 살기 시작하면서 도시 곳곳에는 집이나 건물들이 빼곡히 들어차 있습니다. 해마다 여름밤이면 태양열에 덥혀진 건물이나 도로의 열기가 채 식지 않아서 도시에는 무더운 열대야 현상이 일어나곤 합니다.

세스콩 팀 학생들이 개발한 볏짚을 이용한 섬유질 단열재 페인트는 여름철 도시 내 폭염을 막고, 겨울철 실내 온도를 유지하여 에너지 절감에 큰 도움을 줄 것으로 보입니다. 특히 학생들이 다양한 비교 실험을 통해 단열 페인트의 최적의 비율을 찾아내는 과정은 매우 인상적이었습니다. 또한 연구과정에서 다양한 문헌과 국제협약 등을 찾아 단열재 개발과 생태계서비스 연계성을 찾으려는 노력이 돋보였습니다.

학생들이 다양한 실험 과정을 거치면서 고려해야 할 열전도, 반사율, 흡습성, 점성 등에 대해 알아가는 과정들을 통해 과학적 사고에 대한 많은 경험들을 이루었기를 바랍니다. 마지막으로, 이 과정을 통해 학생들이 생태계가 우리에게 주는 혜택이 어떤 것이 있었는지, 우리가 생태계를 위해 어떤 일들을 할 수 있는지를 알아갔던 소중한 기회가 되었기를 바랍니다. 모두 수고 많았고, 앞으로의 탐구도 계속 응원하겠습니다.

모니터링으로 알아보는 우리 고장 습지의 생태계 탐구

충청도와 전라도의 에코지킴이

…… 팀원 순창중앙초 이도현, 이다은, 부내초 이건우, 이현우

… 지도교사 이주현

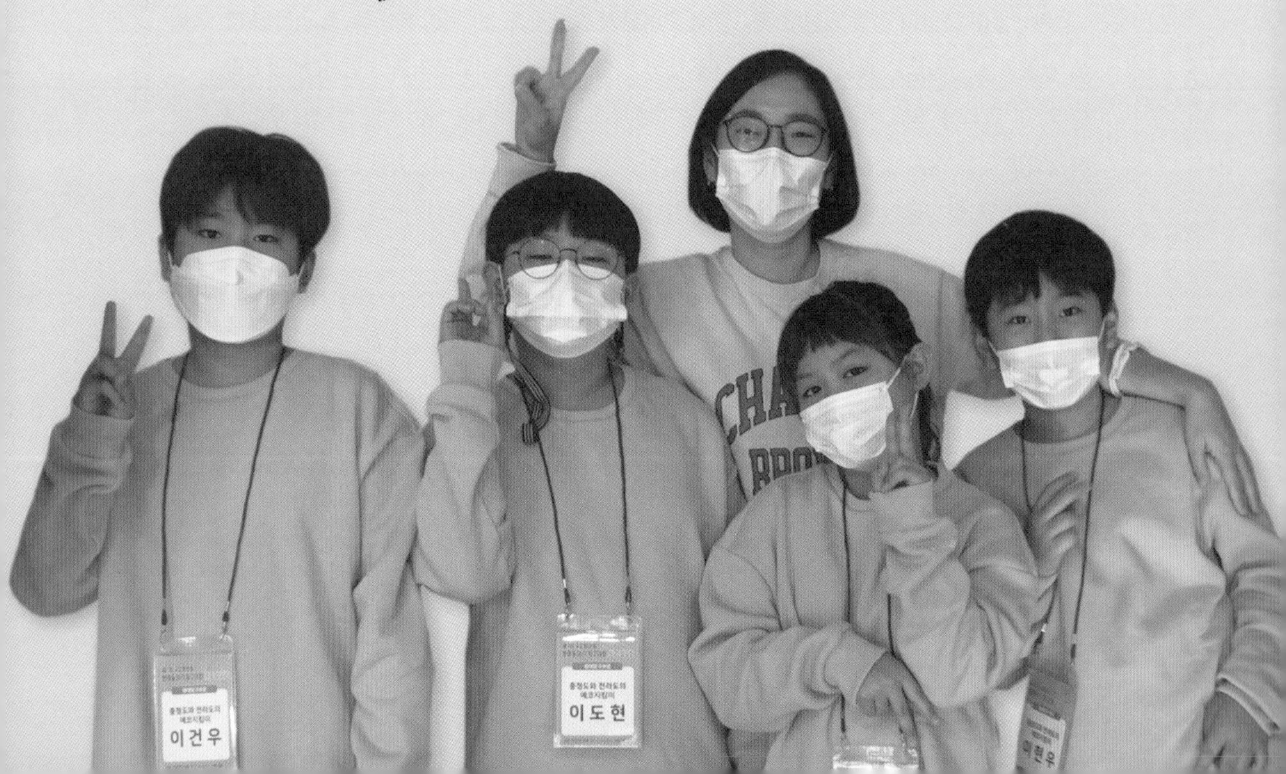

주제 정하기

요즘 날씨도 좋은데 두웅습지에 가서 놀까?
두웅습지? 너네 지역에도 습지가 있어?
그럼. 우리 충청도에 습지가 얼마나 많은데!
우리 전라도에도 습지가 많아.

충청도와 전라도 말고 다른 지역에도 습지가 있을까?
글쎄. 우리가 한번 찾아볼까?
그래. 우리가 각 지역의 습지를 비교하고 차이점을 탐구해 보자!
좋아! 습지의 생태계를 모두 알아보면 정말 재밌겠다.

계획하기

우리는 습지에 대해 얼마나 알고 있을까요?

우리는 습지가 품고 있는 다양한 이야기를 탐구해 보기로 했습니다.

탐구할 습지를 선정하고, 습지에 대한 궁금증을 마인드맵으로 정리한 후에, 탐구를 준비했습니다.

습지에 서식하는 생물을 관찰하고, 그 가치까지 탐구하는 것을 목표로 정했습니다.

멘토 tip!

- 전국의 습지를 모두 탐구하기는 역부족일 것입니다. 타지역의 습지 탐구는 문헌 조사로 대체하고, 충청도와 전라도의 습지들에 대해 서로 비교해 보고 싶거나 관심이 있는 특성을 2~3가지만 미리 정해서 방문·조사하는 것이 탐구 활동의 목적성이 뚜렷하게 되어 바람직할 것으로 보입니다.
- 습지와 해당 지역의 관계에도 관심을 가지면 각 습지의 유사성과 차이점이 드러나게 될 것입니다.

활동 1 | 탐구할 습지를 선정하고 마인드맵으로 표현하기

1) 탐구할 습지 선정하기

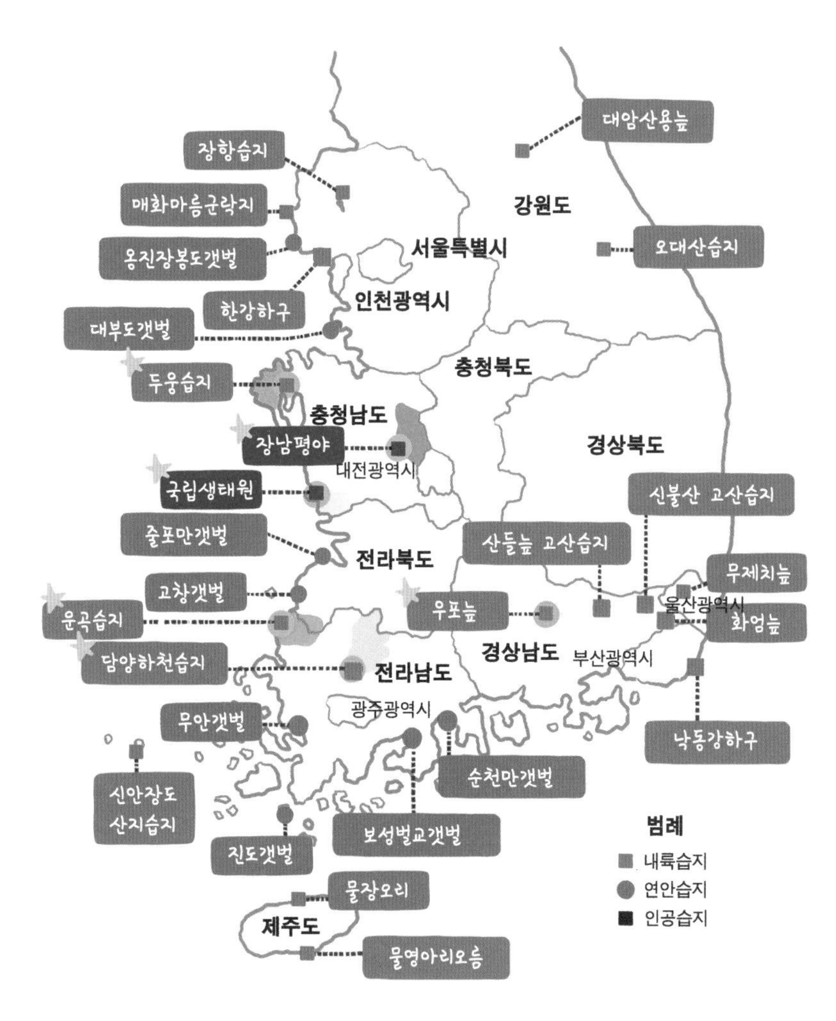

우리나라의 탐구 후보 습지 27개 지점 위치(2021년 6월 확인)

우리나라의 대표적인 습지를 찾는 것으로 탐구를 시작했습니다. 문헌 조사를 통해 우리나라도 람사르 협약 국가라는 것을 알았습니다. 람사르 협약은 습지의 보전과 현명한 이용을 촉구하기 위해, 1971년 2월 이란의 람사르에서 채택된 협약이며, 우리나라는 1997년 7월 101번째로 가입했습니다. 현재까지(2021년 6월) 우리나라에는 24개의 람사르 습지가 등록되어 있습니다. 람사르 습지를 포함한 27개의 탐구 후보 습지 중에서 각기 다른 유형을 띠고 있으며, 우리가 살고 있는 지역 인근에 위치한 총 6개 습지를 탐구 대상으로 선정했습니다.

우리나라의 습지 유형

산지습지

그 수가 많지는 않으나 울산 무제치늪 등 높은 산에 습지가 형성된 곳도 있고, 제주도 오름처럼 분화구에 물이 고여 습지를 형성한 곳도 있다.

하구습지

강의 하구에 하구습지가 있고, 서해안에는 세계적으로 잘 발달된 해안 갯벌습지가 있다.

논습지

인공적으로 만들어진 습지에는 논과 저수지가 있다. 우리나라에는 약 1만 8천여 개에 이르는 농업용 저수지가 있으며, 거의 대부분은 수심이 얕아서 저수지의 가장자리에 수생식물의 수초대가 발달되어 많은 동식물의 서식지가 되고 있다.

2) 마인드맵으로 습지에 대한 궁금증 정리하기

커다란 스케치북을 펼쳐 놓고 습지에 관해 각자 궁금한 것들을 적었습니다. 처음에는 습지에 대해 아는 게 별로 없어서 무엇을 적을지 망설여졌지만 팀원들과 이야기를 나누고 책과 인터넷 자료를 찾다 보니 다양한 궁금증들이 꼬리에 꼬리를 물고 생겨났습니다. 마인드맵에 적은 궁금증 중에서 가장 중요하게 생각되는 특징들을 조사했습니다.

습지에 대한 다양한 궁금증을 담은 마인드맵 활동

탐구 대상 습지의 주요 특징 정리

장남평야(세종시)	• 농사를 짓지 않고 사람이 살지 않는 묵은 논 형태의 습지 • 금개구리와 맹꽁이의 서식지이며, 야생 동물들이 많이 발견됨
국립생태원(충남)	• 환경 정화를 위해 늪이나 하천 부근에 인공적으로 조성한 인공습지 • 수생 생물의 터전과 자연학습장 기능을 수행함
두웅습지(충남)	• 바다쪽으로는 경사가 완만하지만 배후지 쪽으로는 경사가 급한 신두리 사구의 특성으로 인해 배후지 쪽에 형성된 사구습지
창녕 우포늪(경남)	• 큰 강이 가까이에 있어 강의 영향을 크게 받는 습지 • 강 주변에 강의 흐름이 굽이굽이 흐르다 잘려서 물이 고여 형성됨
담양습지(전남)	• 영산강 상류에 위치하고 있으며, 습지보호지역으로 지정 • 둔치에는 대규모 대나무 군락지가 분포하고, 하천습지에는 보기 드물게 다양한 목본류 식생이 밀생 • 멸종위기종인 수달, 삵, 큰기러기 등이 서식
운곡습지(전북)	• 과거 주민들이 습지를 개간하여 계단식 논으로 사용했으나 현재는 30년 넘게 폐경되어 자연적으로 산지 저층습지의 원형으로 복원됨 • 무기성 토양

활동 2 | 습지에 서식하는 생물과 가치 탐구

1) 습지 생물을 채집하고 탐구하기

6개의 대상 습지를 직접 방문하여 각 습지에 서식하는 생물을 탐구했습니다. 습지의 지리적 특성을 고려하여 탐구에 필요한 관찰 도구(뜰채, 사각 쟁반, 수조, 가슴 장화, 수질 측정기, 잠자리 채집망, 곤충 채집 상자, 물속생물도감, 수서곤충도감 등)를 준비하고, 각각의 습지에 근무하시는 생태지킴이 선생님과 함께 정해진 장소로 이동했습니다. 습지에 빠지지 않기 위해 가슴 장화를 착용하고 뜰채를 이용해서 습지 생물을 채집했습니다. 채집한 생물은 뜰채 속에 담겨진 채로 사각 쟁반에 놓고 관찰한 후에 방생했습니다. 습지 생물의 사진을 보고 생물 도감과 선생님의 도움으로 동정했습니다.

습지 생물 관찰 후 동정

우리의 예상보다 습지에 서식하는 생물들은 더 다양했습니다. 장남평야에서는 물을 마시러 오는 고라니를 쉽게 볼 수 있었습니다.

두웅습지에서는 금개구리와 맹꽁이 등 양서류 및 수서곤충의 관찰이 쉬웠습니다. 운곡습지는 둠벙이라 불리는 크고 작은 물웅덩이가 많아서 가시연과 같은 수생식물을 관찰할 수 있었습니다. 국립생태원에서는 멸종위기종인 대모잠자리를 많이 볼 수 있었고, 우포늪은 태풍으로 인해 탐방로가 차단되어 잠자리나라 체험관을 견학하는 것으로 탐구를 대체했습니다. 하지만 우포늪 주변의 마을 사람들이 습지를 생활 터전으로 삼아 살아가는 모습을 볼 수 있었습니다. 습지가 생태계 생물들의 터전뿐만 아니라 우리와 같은 사람들에게도 소중한 터전이 된다는 것을 알 수 있었습니다.

〈고라니〉

〈금개구리〉

〈맹꽁이〉

〈가시연〉

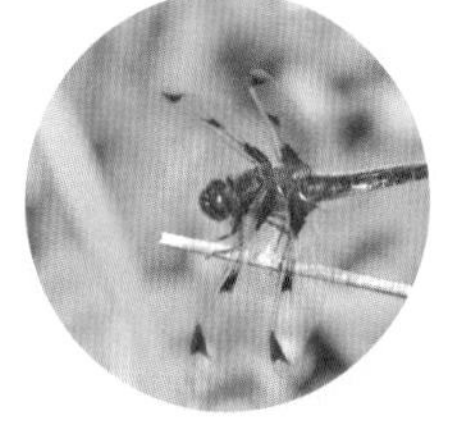

〈대모잠자리〉

우포 잠자리나라 견학

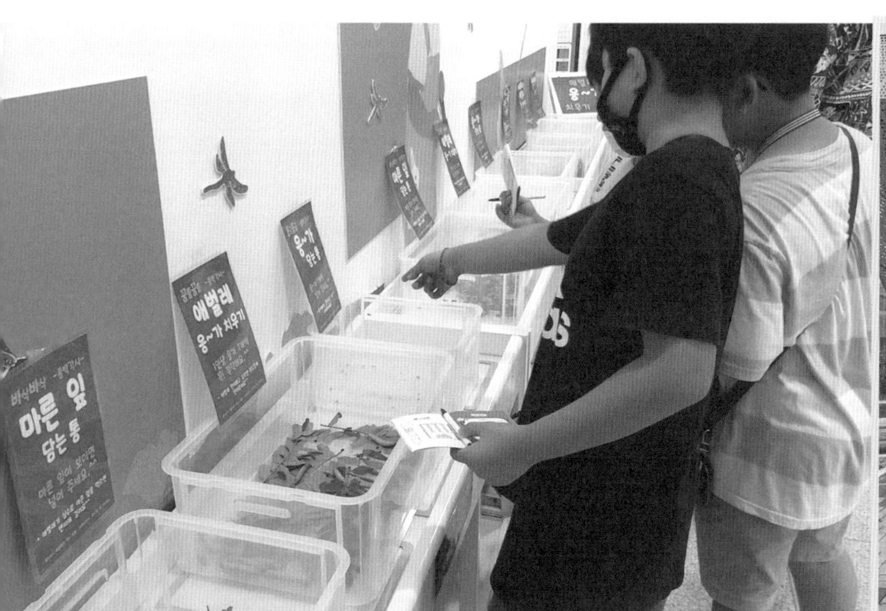

느낀 점 나누기

이번 탐구는 직접 습지로 나가 많이 관찰하고 측정해야 하는 주제인데 코로나19로 인해 더 많은 곳을 가보지 못한 것이 무척 아쉬웠습니다. 특히 태안에 있는 신두리사구는 가고 싶었으나 시간상 어려워 인터넷 조사로 대체한 것이 너무 아쉽습니다. 하지만 최대한 많은 곳을 직접 방문하고 탐구하기 위해 노력했고, 그 결과로 습지에 대한 다양한 생태적 가치를 깨우칠 수 있었습니다.

습지는 생태계 생물들에게는 서식지가 되고, 갈대, 부들 등과 같이 물을 깨끗하게 하는 습지의 수생식물들은 수질을 정화시켜 주며, 습지 내 풍부한 플랑크톤이나 유기물질, 다양한 조류, 양서류, 소형 포유류, 큰 동물과의 관계 속에서 먹이사슬을 제공합니다. 뿐만 아니라 독특한 자연 경관을 토대로 사람들에게 휴양 및 생태 관광의 기회 또한 제공하고 있습니다.

습지에 대해 탐구하면서 습지가 갖는 생태적 가치의 중요성을 알 수 있었으며, 습지를 보전하기 위해 많은 사람들이 함께 노력해야 한다는 것을 깨달았습니다.

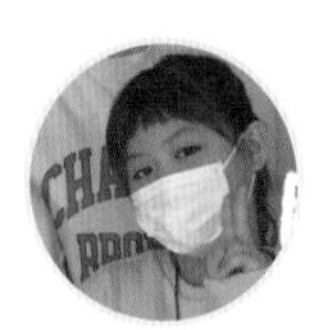

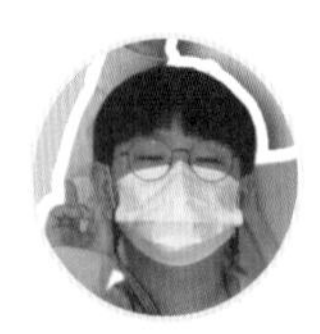

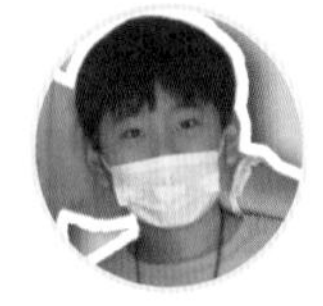

참고문헌

- 권순직·전영철·박재홍, 『물속 생물 도감』, 자연과 생태, 2013.
- 손상봉, 『주머니 속 곤충도감』, 황소걸음, 2013.
- 김성화·권수진, 『그런데요, 생태계가 뭐예요?』, 토토북, 2004.
- 김남길, 『생태계를 지키는 아이들을 위한 안내서』, 풀과 바람, 2012.
- 햇살과 나무꾼, 『신기한 동물에게 배우는 생태계』, 논장, 2012.
- 우포늪, 운곡습지, 금강유역환경청, 국립생태원 습지센터 등 관련 사이트.

'충청도와 전라도의 에코지킴이' 팀을 향한 박사님의 총평!

검토자 소속: 국립생태원 생태계서비스팀

검토자 성명: 최태영

충청도와 전라도의 에코지킴이 팀의 탐구 내용을 보면 짧은 시간 동안 습지 생태계에 대해 열심히 공부한 노력이 생생하게 보입니다. 고생 많았습니다. 초기에 연구 주제 설정부터, 대상지 선정, 사전 조사와 현장 조사를 통해 습지의 기능과 중요성을 이해하는 전체 과정이 매우 의미 있고, 체계적으로 진행된 것 같습니다.

우리나라 습지의 기능과 유형을 파악하고, 비록 코로나19의 영향으로 선정한 대표 습지 모두를 가보진 못하였으나, 유형별 대표 습지를 방문하여 관찰하고, 습지의 형성 원인에서부터 습지의 다양한 기능과 가치를 이해하는 과정이 습지를 폭넓게 이해하는 데 있어 매우 유익하고, 소중한 시간이 되었을 것이라 생각합니다.

학생 여러분들이 습지가 사라지는 것을 걱정했던 것처럼 이번 경험이 다양한 생물들의 생활 터전인 습지의 중요성을 인식하고, 우리가 습지로부터 혜택을 받고 있으며, 인간은 자연과 더불어 살아가는 하나의 생명체로서 자연을 아끼고, 가꿔야 한다는 점을 오래도록 기억하고, 생활 속에 실천하는 계기가 되었으면 좋겠습니다.

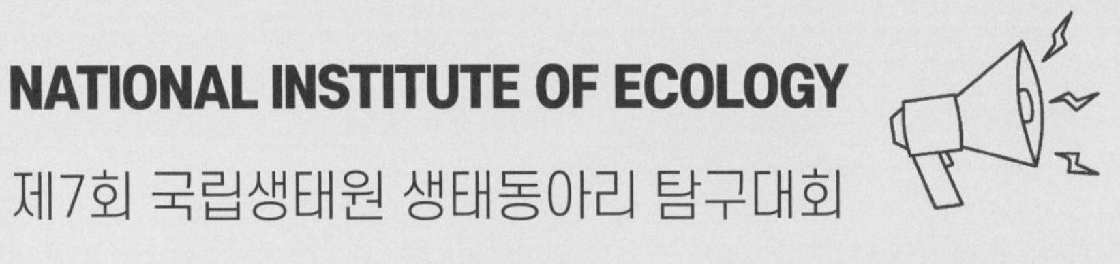
NATIONAL INSTITUTE OF ECOLOGY
제7회 국립생태원 생태동아리 탐구대회

융합탐구 부문
10개 팀

오래된 미래, 바다의 보물을 찾아서

_해조류의 생태계서비스와 미래 생태생활 탐구

꼬시래기

…… 팀원 송천초 이윤형, 이윤서, 양현초 조유정, 양현중 조유현

… 지도교사 최란

주제 정하기

요즘 해조류 먹는 게 유행이야? 우리 엄마는 TV에 나온 거라고 다시마밥을 해 주셨어.
유튜브에서 바다포도 먹는 거 봤어? 진짜 신기하게 생겼더라.
어. 봤어. 바다포도가 포도같이 생긴 해조류래.
그런데 해조류가 음식에만 쓰이는 게 아니라 화장품이나 약을 만드는 데에도 쓰이는 거 알아?
정말? 우와! 신기하다.
그러면 해조류로 다른 것들도 만들 수 있지 않을까?
우리 생활에 다양하게 쓰이는 해조류? 재밌겠는데?
그래. 우리가 해조류의 생태계서비스를 탐구해 보자!

계획하기

우리는 해조류의 생태계를 이해하기 위해 관련 기관 견학과 해조류 채집 후, 실험과 표본 만들기 등의 다양한 활동을 하기로 했습니다.

일상생활에서 해조류의 쓰임을 알아보기 위해서 요리, 미용, 가공식품 등 다양한 활용 방법도 탐구해 보기로 했습니다.

해조류의 생태계서비스 가치를 알아보기 위해서 동화책과 생태계서비스 책, 보드게임도 제작하기로 했습니다.

해조류의 미래 생태 생활을 탐구하기 위해 해조류를 이용한 생활용품 만들기도 계획했습니다.

멘토 tip!

탐구한 내용을 다양한 분야에 적용하여 결과물을 만드는 것이 융합탐구의 기본 취지입니다. 여러분이 계획한 활동들의 과정과 결과물을 잘 요약하여 보고서에 담을 수 있도록 노력해 주시길 바랍니다.

활동 1	해조류의 생태 탐구하기

1) 해조류의 이해에 대한 실태 조사하기

해조류에 대한 학생들의 이해도를 알아보기 위해 우리 학교의 5, 6학년 중 3개 학급의 65명을 대상으로 설문 조사를 진행했습니다. 미리 준비한 설문지를 배포한 후 답변을 분석했습니다. 분석 결과에서 알 수 있듯이 대부분의 학생들은 해조류에 대한 관심과 이해가 부족했습니다.

해조류의 이해에 대한 기본 설문 조사 결과

대상 : 전주 □□초 5학년 1학급: 20명, 6학년 1학급: 24명
전주 ○○초 5학년 1학급: 21명(총 65명)

1. 내가 알고 있는 해조류 5가지 쓰시오.

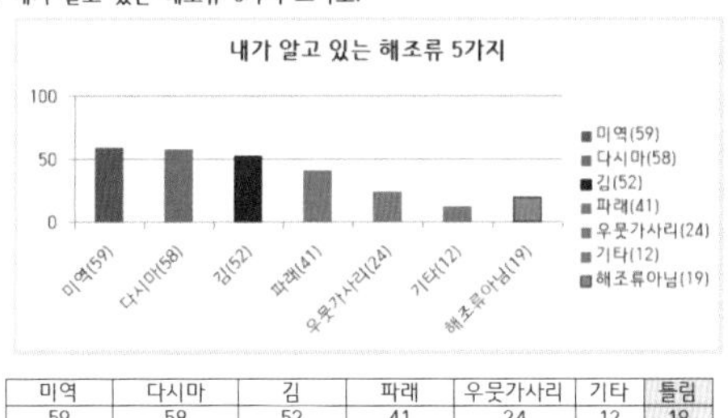

미역	다시마	김	파래	우뭇가사리	기타	틀림
59	58	52	41	24	12	19

2. 해조류는 포자로 번식한다.

	학생수	백분율
정답	12	18%
오답	40	62%
모름	13	20%
합계	65	100%

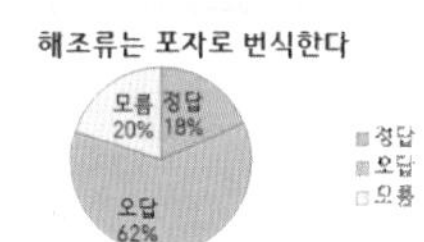

3. 해조류는 햇빛으로 광합성을 하여 필요한 양분을 얻는다.

	합계	백분율
정답	26	40%
오답	20	31%
모름	19	29%
합계	65	100%

해조류는 광합성으로 양분을 얻는다
모름 29%
정답 40%
오답 31%

4. 해조류는 녹조류, 갈조류, 홍조류가 있다 그중에 김은 홍조류이다.

	합계	백분율
정답	24	37%
오답	32	49%
모름	9	14%
합계	65	100%

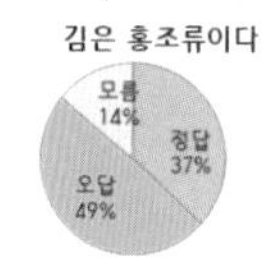

5. 김, 미역, 다시마 외에 내가 먹어 본 해조류가 있다면 써보세요.

파래	우뭇가사리	톳	꼬시래기	다슬기, 조개	없음(모름)
7	2	10	1	2	33

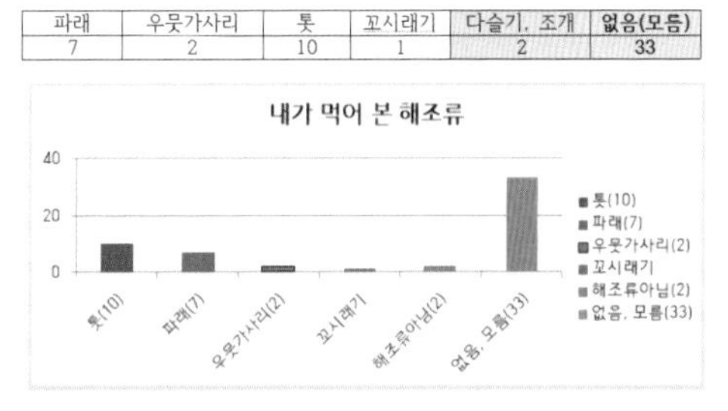

6. 알고 있는 해조류의 이용방법을 쓰시오.

식품	화장품	바이오에너지	의약품	섬유산업	모른다
45	17	21	16	7	13

해조류 이용방법
식품(45)
화장품(17)
에너지(21)
의약품(16)
섬유산업(7)
모른다(13)

해조류 이해에 대한 설문 결과 분석

2) 해조류 관련 기관 견학하기

서천 국립해양생물자원관 씨큐리움 견학

해조류에 대한 이해를 높이고 탐구심을 증진하기 위해 해조류 관련 기관을 견학했습니다. 서천 국립해양생물자원관 씨큐리움과 해남 해조류연구센터를 각각 방문했습니다.

국립해양생물자원관 씨큐리움은 Sea(바다)+Question(질문)+Rium(공간)의 합성어로 바다에 대한 호기심을 가지고 질문을 던지며 해답을 찾아가는 전시, 교육의 공간이란 의미입니다. 7,000점 이상의 다양한 생물 표본이 전시되어 있어서 신기한 경험이었습니다. 미리 예약한 '혹등이와 함께하는 씨큐리움 대탐험'을 체험 후 자유 관람을 했습니다. 해조류관에는 바다에서 숲을 이루는 해조류와 그곳에서 사는 해양생물들이 전시되어 있었습니다.

해남 해조류연구센터는 해조류와 관련된 기술을 연구·개발·보급하고, 해조류 유전 자원을 보존·관리하는 기관입니다. 해남 해조류연구센터에서는 연구원 선생님의 안내를 받아 연구실에 저장돼 있는 여러 해조류의 종자를 보고, 해조류에 대한 궁금증을 풀 수 있었습니다.

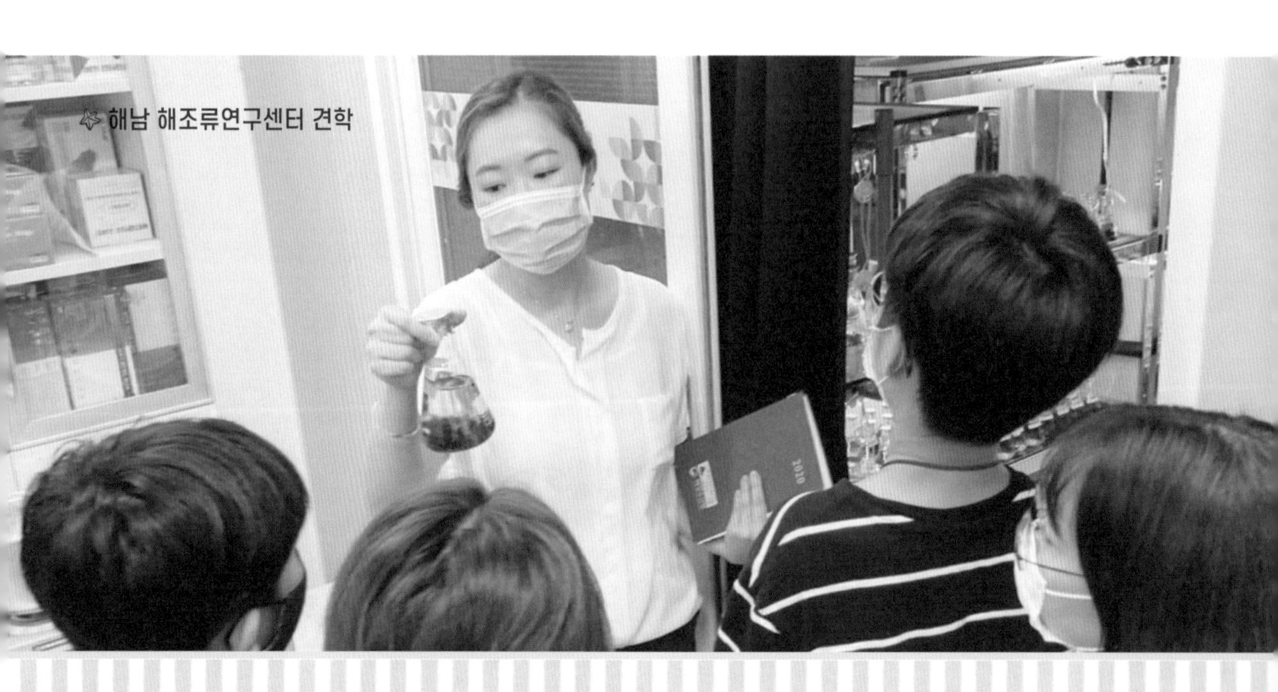

해남 해조류연구센터 견학

3) 해조류 채집 후 탐구하기

해조류 채집 후 건조하기

해조류를 직접 관찰하고 표본을 만들기 위해 채집을 했습니다. 부안 변산해수욕장 주변의 갯바위와 부안 채석강 주변에서 물이 빠지는 간조를 이용하여 조간대의 바위나 해변, 바닷속을 탐험했습니다. 납작파래, 갈파래, 청각, 지충이, 돌가사리, 융단자리풀 등 채집한 해조류를 관찰한 후, 표본 제작을 위해 한지에 건조했습니다.

4) 해조류 표본 만들기

다양한 해조류들로 표본을 만드는 방법은 생각보다 훨씬 간단해서 더 즐겁게 만들 수 있었습니다. 해조류, 종이, 글리세린, 병, OHP 필름을 준비하고, 다양한 관찰을 위해 종이에 붙이는 건식표본과 액체가 담긴 병에 보관하는 액침표본 두 가지를 제작했습니다.

✓ 건식표본 만들기

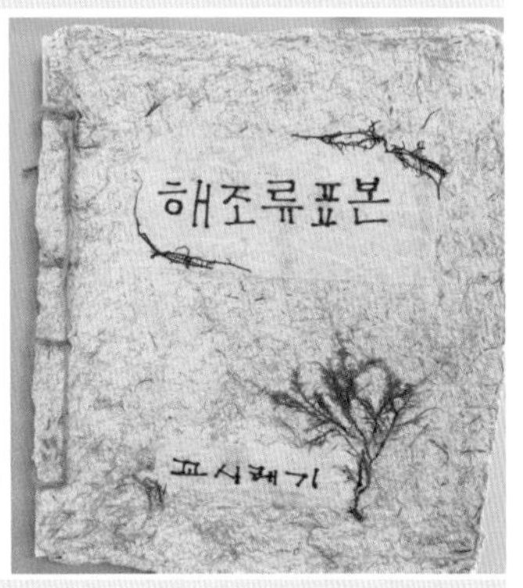

① 해조류를 그늘에서 자연 건조합니다.

② 종이에 딱풀로 고정합니다.

③ 우뭇가사리와 꼬시래기 등에서 채취한 풀가사리액으로 여러 번 덧칠해 줍니다.

✓ 액침표본 만들기

① 준비한 해조류를 병에 넣습니다.

② 해조류가 쓰러지지 않도록 OHP 필름으로 지지합니다.

③ 표본병에 글리세린을 넣어줍니다.

④ 표본병에 날짜와 이름을 쓰고 붙여줍니다.

활동 2	일상생활에서 해조류의 쓰임 탐구하기

1) 우뭇가사리의 쓰임 탐구하기

우뭇가사리로 한천 만들기

한천으로 젤리 만들기

우뭇가사리를 끓여서 식히면 말랑한 한천이 되는데, 이것은 음식이나 약 또는 공업용으로 쓰인다고 합니다. 우리는 직접 채집한 우뭇가사리로 한천을 만들어 보기로 했습니다. 우뭇가사리를 4~5시간 불린 후에 다시 3~4시간 끓여서 체에 거른 후 식힌 한천은 젤리처럼 보였습니다. 그런데 아무 맛도 나지 않아서 우유와 설탕, 향을 추가해 젤리를 만들어 봤습니다.

2) 다시마의 쓰임 탐구하기

다시마밥 만들기

다시마의 끈끈한 점액을 활용해서 쓰임을 탐구했습니다. 매체에 소개된 다시마밥을 직접 만들어서 먹었는데, 점액질이 신기하기는 했지만 우리들이 느끼기에 맛은 별로였습니다. 점액질을 활용해서 오감놀이와 같은 용도로 쓰는 것이 어떨까 생각했습니다. 음식 외에 또 다른 쓰임으로 미용을 위한 다시마팩을 만들어 보았습니다. 다시마를 갈아 잘 저은 후에 밀가루와 꿀을 섞어 얼굴에 발랐습니다.

다시마팩 체험하기

한천으로 만든 젤리는 마트에서 파는 것보다 맛있고, 부드러우면서 탱글탱글했습니다. 한천으로 만들었는데 해조류 맛이 안 나고 시중에서 판매하는 것과 비슷한 맛이 나서 놀라웠습니다. 다시마팩은 일정 시간 후 떼고 나니 얼굴이 부들부들하고 촉촉한 느낌이었습니다. 이처럼 우리의 일상생활에서 해조류가 친숙하고 다양하게 쓰이고 있다는 사실을 확인할 수 있었습니다.

활동 3	해조류의 생태계서비스 탐구하기

1) 해조류의 생태계서비스를 알리는 책 만들기

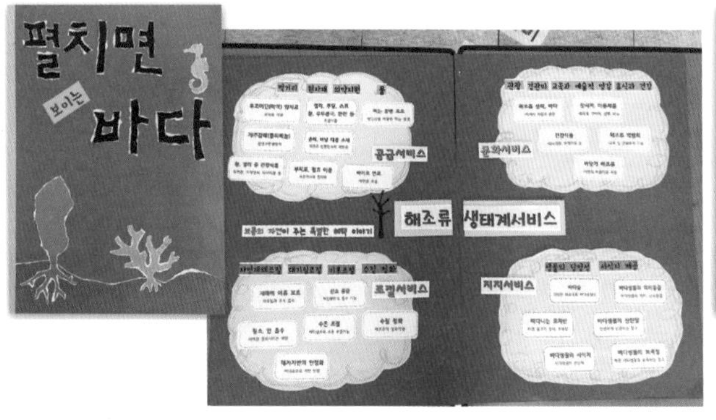

『펼치면 보이는 바다_해조류 어디까지 알고 있니?』 제작

『해룡아 내가 도와줄게』 제작

해조류의 생태계서비스를 쉽고 재밌게 알릴 수 있는 책을 만들었습니다. 『펼치면 보이는 바다_해조류 어디까지 알고 있니?』는 해조류의 실제 사진과 사실적 정보, 생태계서비스 가치를 정리한 도감입니다. 『해룡아, 내가 도와줄게』는 바다에 해조류가 번식하는 곳으로 '바다의 숲'이라 불리는 해중림의 중요성을 담은 동화책입니다.

2) 해조류의 생태계서비스를 알리는 보드게임 만들기

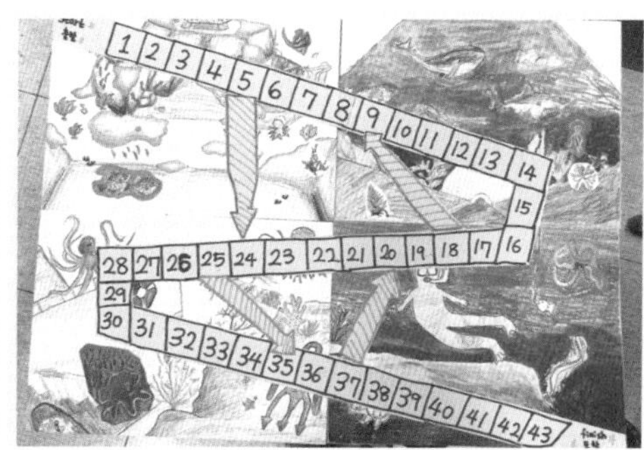

보드게임 제작 후 게임하기

해조류에 대해 잘 모르는 친구들과 함께 놀이할 수 있는 해조류 보드게임을 만들었습니다. 친구들이 게임을 통해 재밌게 해조류를 이해할 수 있기를 바라는 마음에서 게임의 이름은 '펀펀(fun fun) 해조류'라고 정했습니다.

✓ '펀펀(fun fun) 해조류' 보드게임 방법

① 앞면에는 해조류에 대한 문제, 뒷면에는 답이 적혀 있는 카드를 가운데에 놓습니다.

② 술래(문제 제출자)는 돌아가면서 카드를 뽑습니다.

③ 카드 앞면의 문제를 큰소리로 읽습니다. 그러면 나머지 참가자가 문제를 맞춥니다.

④ 문제를 맞춘 참가자는 카드 위에 있는 별 개수에 따라 말을 이동합니다.

⑤ 먼저 한 바퀴를 돈 사람이 승리합니다.

우리가 만든 해조류의 생태계서비스 책과 보드게임을 학교 친구들과 함께 해 보았습니다. 해조류에 대한 인식이 부족했던 이전과 달리 해조류를 친근하게 느끼고 그 가치를 알게 됐다는 의견을 들을 수 있어서 매우 의미가 있었습니다.

활동 4 | **해조류의 미래생태생활 탐구하기**

1) 우뭇가사리 찌꺼기를 이용한 재활용품 만들기

우뭇가사리로 한천을 만든 후에 남은 찌꺼기를 활용할 수 있는 재활용품에 대해 탐구했습니다. 우뭇가사리 찌꺼기를 말려 보니 재질이 뻣뻣하여 지지대로 활용이 가능했습니다. 친환경으로 자연 분해되는 성분이며 가공이 쉽다는 장점이 있지만, 물에 불으면 부피가 커져서 일회용품이나 포장용품으로 재활용이 가능하다는 결론을 냈습니다. 그래서 종이와 컵홀더, 계란판을 만들어 봤습니다. 우뭇가사리 찌꺼기로 만든 재활용품들은 생각보다 더 튼튼하고, 보기에도 예뻤습니다.

우뭇가사리 찌꺼기로 만든 재활용품들

2) 우뭇가사리를 활용한 상품 구상하기

냉동식품을 보관하고 배송할 때 쓰이는 아이스팩의 환경오염이 너무 심하다는 뉴스가 많습니다. 우리는 우뭇가사리로 만든 한천의 젤리 상태를 아이스팩으로 활용하는 상품을 구상했습니다.

✔ 한천 아이스팩 실험 과정

① 아이스팩과 같은 양의 한천을 지퍼백에 담아 얼립니다.

② 아이스팩과 같은 환경으로 놓고 온도 변화를 관찰합니다.

한천 아이스팩 실험

① 물의 온도는 한천 아이스팩의 경우 더 오래 낮은 온도로 유지가 잘 되었습니다.
② 정확한 실험 결과를 위해 큰 수조를 이용해도 한천 아이스팩이 더 효과적이었습니다.
③ 기존의 아이스팩보다 한천 아이스팩이 친환경적이고(자연분해 가능), 재활용도 가능합니다.

우리는 우뭇가사리로 만든 한천이 세포를 배양하는 세균 배지로 쓰인다는 것을 알았습니다. 그래서 식물을 키우는 용도로 한천을 활용해 보기로 했습니다. 화분을 2개 준비해서 각각 한천과 부직포를 배지로 한 후에 무씨를 심었습니다.

한천 배지 실험

① 투명한 한천을 통해 뿌리가 뻗어 가는 자연스러운 모습을 관찰할 수 있었습니다.
② 한천이 영양분을 함유하여 부직포 배지 식물보다 더 잘 자란 것을 확인했습니다.
③ 여름철 습기가 많은 고온에서 한천이 썩을 수 있다는 단점이 있습니다.

느낀 점 나누기

뜨거운 여름날 거친 숨을 몰아쉬며 준비물을 들고, 나르면서 우리 진짜 열심히 한다고 서로 감동하고 위로하며 바쁘게 지냈습니다. 시간이 흐르니 가을이 오고, 정리의 시간도 왔습니다. 해조류에 대해 잘 모른 채, 단순한 호기심으로 시작한 우리는 해조류에 관련된 모든 것들을 닥치는 대로 수집하고 알아보기 시작했습니다. 그러니 차츰 보이던 해조류의 분류, 생태, 바다 이야기들이 시간이 지나고 우리의 경험이 쌓이면서 더 가깝게 느껴졌습니다.

우리에게 이번 탐구대회는 새롭게 생각하고 진지하게 탐구하는 방법을 배우는 의미있는 시간이었습니다. 탐구의 과정을 통해 함께 배운 해조류에 대한 이해와 관심은 다양한 생태계서비스 활용 가능성을 모색하게 만들었습니다.

지금까지 주변에서 흔히 볼 수 있었던 해조류가 앞으로 우리 생활에서 건강뿐만 아니라, 일회용 플라스틱이나 생활용품을 대체하여 다양한 변화를 가져오고 세상을 바꾸리라 기대해 봅니다. 그리고 우리의 탐구 경험이 우리 안에 잘 뿌리내려 성장하길 바랍니다.

참고문헌 및 매체

- 윤구병, 『세밀화로 그린 보리 어린이 갯벌도감』, 보리, 2004.
- 김기태, 『세계의 바다와 해양생물』, 채륜, 2018.
- 해양수산부, 『갯벌에서 심해까지』, 해양수산부, 2015.
- 편스토랑 '전혜빈, 다시마밥' : 7월 3일 KBS2 방송.
- 유투브 띠예, '바다포도 먹어보기' : 2018. 11. 2 (인터넷방송).
- 해양수산부 공식 블로그 : 내가 바라던 바다.
- 네이버 블로그 : 고든의 블로그(과학, 자연관찰)/대체에너지.
- 네이버 백과사전 : 제주의 바닷말/두산백과 등.

'꼬시래기' 팀을 향한 박사님의 총평!

검토자 소속: 국립생태원 생태계서비스팀

검토자 성명: 권용성

꼬시래기 팀 학생들의 탐구 결과는 석 달 동안의 대회 기간을 생각했을 때 정말 놀랍습니다. 비교적 짧은 기간 동안에 양도 많고, 질도 좋은 훌륭한 탐구 결과를 보여 준 것이라 생각합니다.

해조류에 대한 설문 조사와 자료 조사 및 연구 센터를 직접 방문하여 전문가들을 인터뷰한 내용은 여러분들에게 많은 도움이 되었으리라 생각합니다. 또한 직접 해조류를 채집하고, 이를 이용해 색소 추출 실험 및 표본을 제작한 것은 여러분들의 과학자적 면모를 볼 수 있는 과정이어서 무척 기쁘고 자랑스러웠습니다. 더불어 해조류를 이용하여 실생활에 적용할 수 있는 탐구를 진행한 부분은 창의적이었으며, 여러분의 탐구 결과인 책과 영상물을 통해서 해조류의 가치를 쉽게 홍보할 수 있다고 생각됩니다.

마지막으로 해조류에 대해 학술적인 탐구부터 현재 실생활에 적용되는 부분과 미래의 자원으로써의 이용 가능성에 대해 생태계서비스를 이용한 여러분들의 탐구는 정말 고무적이었습니다. 이번 탐구대회를 통해 이 모든 것들을 짧은 시간에 해낸 꼬시래기 여러분들의 열정을 볼 수 있었습니다. 다시 한 번 여러분들의 수고와 열정을 칭찬하는 바입니다.

화랑의 대종천 생태보물 이야기

대상 힘센 벌꿀 오소리

····· 팀원 경주화랑고 김민서, 엄민성

·· 지도교사 황인랑

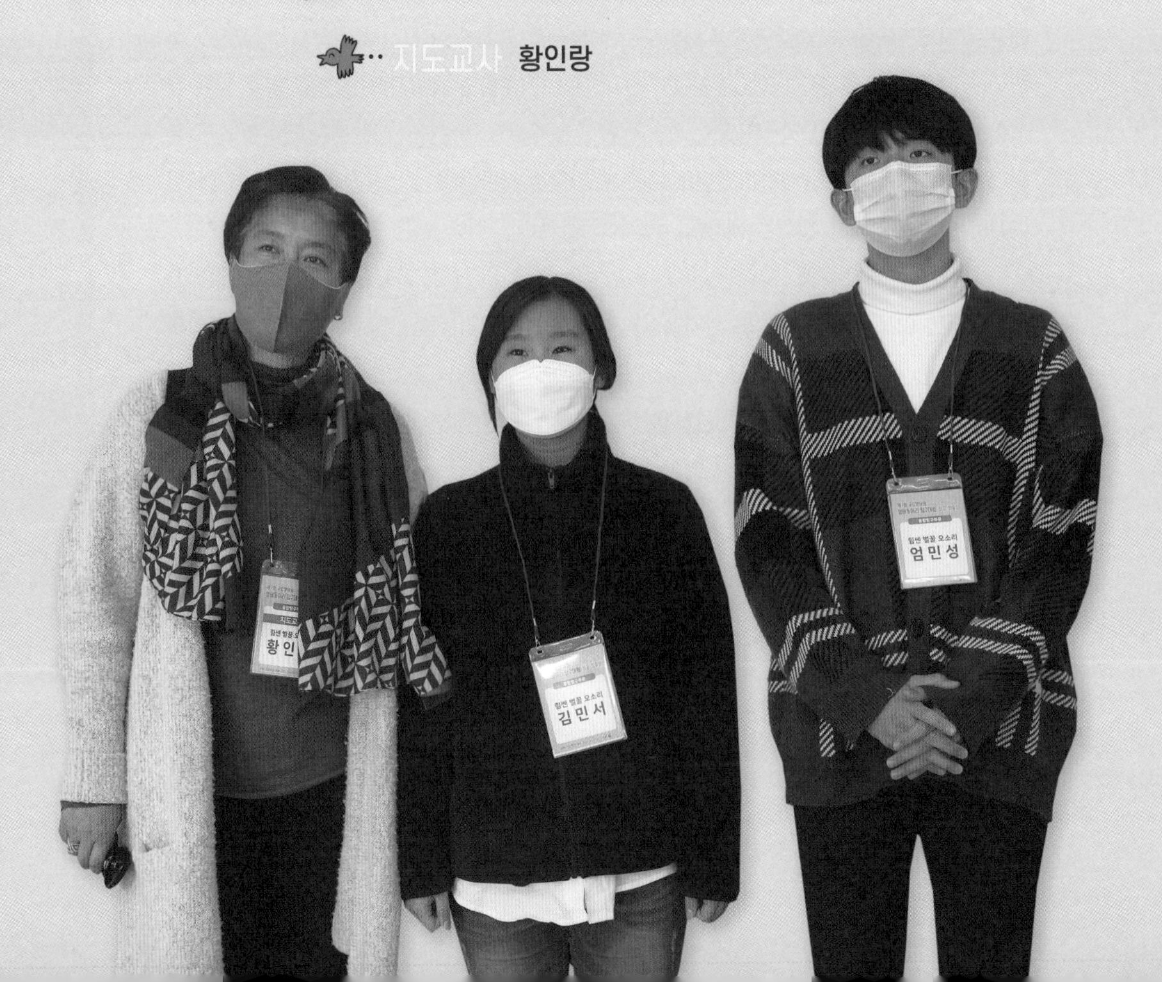

주제 정하기

우리 학교 주변에는 어떤 생태계가 있을까?
대종천이 대표적인 물 생태계지.
화랑고등학교
장항리사지
대종천
경주 문무대왕릉
그럼 대종천의 생태계와 대종천을 따라 위치하는 문화재를 함께 살펴보는 게 어때?
좋아. 우리 경주 지역이 품은 생태계 보물을 탐구해 보자!

계획하기

경주의 대표 아이콘인 화랑을 통해 생태계가 제공하는 보물을 찾자!

우리는 학교 주변에 위치한 국보급 문화재인 장항리사지와 대종천 주변의 생물상 및 수질 오염을 분석하고, 생태계 모니터링을 통하여 우리 고장의 환경 문제에 대한 폭넓은 이해와 건전한 수생태계의 보전을 위한 지속적인 활동을 하고자 합니다.

그리고 우리 지역 계곡의 생물상(식물, 수서곤충, 어류 등) 조사와 위해 식물 제거, 쓰레기 수거 활동 등을 통하여 지역 생태계에 관심을 가지고 보존하고자 합니다.

생물 조사를 통하여 생물도감과 생태지도를 제작하고 이를 바탕으로 '생태보물 이야기' 노래를 만들어 SNS(유튜브, 페이스북, 인스타그램, 블로그 등)에 게시해서 우리 고장의 아름다운 자연 서식지를 널리 알리고 홍보할 것입니다.

우리의 활동은 주변 친구들에게 생태계의 가치를 알리고, 우리 스스로 생활 속에서 환경을 위한 작은 실천을 할 수 있는 환경지킴이 역할을 할 수 있는 기회가 될 것입니다.

멘토 tip!

생태도감의 탐구 내용을 바탕으로 노래를 만들 예정이라면, 스토리를 엮어서 만들거나 꽃말을 활용하는 것도 재미있고 관심을 끌 만한 아이디어가 될 것 같습니다.

방형구 설치 모습

활동 1 | **생태 모니터링을 통한 생물다양성 탐구하기**

1) 장항리사지의 식물다양성 탐구하기

사적 제45호인 장항리사지는 통일신라시대의 절터로 우리 지역의 중요한 유적지입니다. 우리는 장항리사지의 생태계를 모니터링하고 생물다양성을 탐구하기 위해 방형구 조사법을 적용했습니다. 방형구 조사법은 식생의 개황을 파악하기 위해 활용하는 식생 조사 방법으로 탐구 방법은 다음과 같습니다.

① 자연 속 식생의 비중이 높은 곳을 찾아 이동합니다.

② 방형구 내의 식생 분포 중 가장 많은 피도•를 차지하는 식물을 우점종으로 합니다.

③ 식생 조사표에 군락명을 정할 때 우점종의 식물명을 따라 군락명을 쓰고 방형구 내에서 출현하는 모든 식물종을 조사표에 기록합니다.

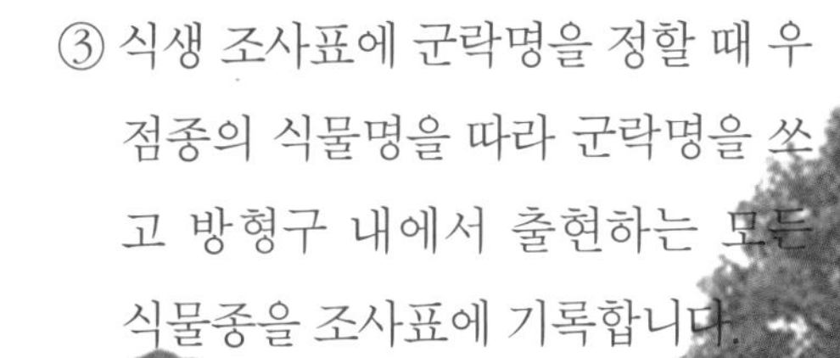

식생조사활동지

조사일자: 군락명 :

No.	조사지역 :			조사자	
계층구분	높이(m)	식피율(%)	우점종	특기사항 :	
교목층					
아교목층					
관목층					
초본층					

교목층		아교목층		관목층		초본층	
종명	피도	종명	피도	종명	피도	종명	피도

● 피도
특정종이 방형구 내에서 차지하는 비율을 나타내는 양.

장항리사지 5층 석탑

총 2회의 탐사를 진행하면서 방형구 안의 군집을 기록한 결과, 8종의 식물을 동정할 수 있었습니다.

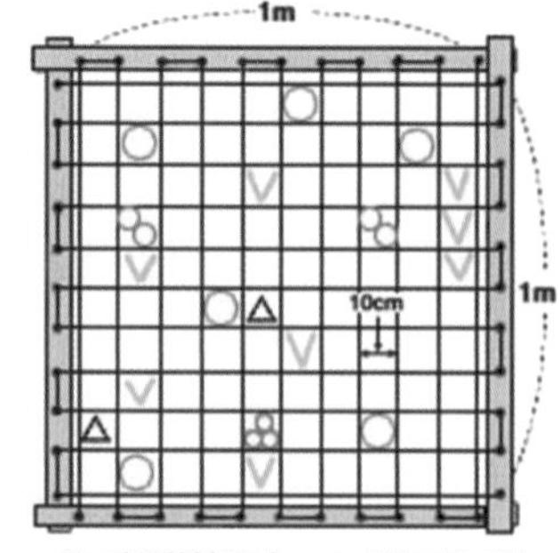

○ 미국쑥부쟁이 ∨ 대만고무나무
△ 비자나무

방형구 군집 조사(1차)

탐사월	채집 종 수 (동일 종 제외)	동정 식물(Common name)
1차 탐사(9월)	3종	미국쑥부쟁이, 대만고무나무, 비자나무
2차 탐사(10월)	5종	벽오동, 씀바귀, 조팝나무, 벌개미취, 개망초

미국쑥부쟁이(백공작)

대만고무나무

비자나무

벽오동

씀바귀

조팝나무

벌개미취

개망초

2) 대종천의 어류 및 수서곤충 탐구하기

대종천의 생태를 모니터링하고 생물다양성을 탐구하기 위해 총 2회의 탐사 활동을 진행했습니다. 대종천의 물은 육안으로 보기에도 무척 맑았지만 비가 많이 오지 않아서인지 수량이 적어서 어류 및 수서 곤충을 찾는 것이 무척 어려웠습니다. 우리는 총 6종의 담수어류와 2종의 수서곤충을 채집했습니다.

탐구 결과

탐사월	채집 종 수(동일 종 제외)	비고
1차 탐사(9월)	담수어류 4종, 수서곤충 1종	송사리, 미꾸라지, 참마자, 피라미 / 날도래
2차 탐사(10월)	담수어류 2종, 수서곤충 1종	갈겨니, 모래무지 / 강하루살이

1차 탐사

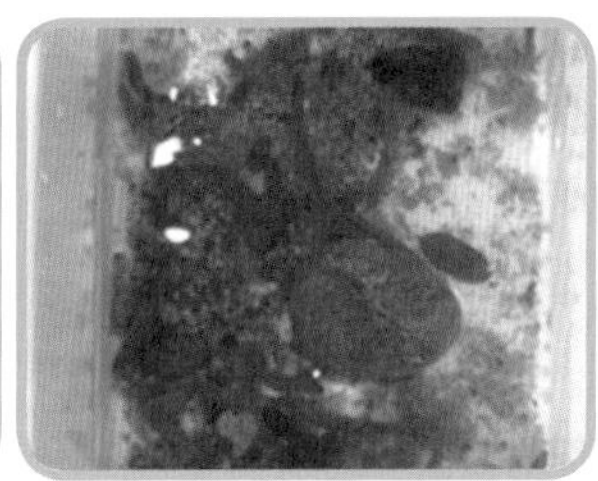

2차 탐사

3) 대종천의 수질오염 실험 및 환경 정화 활동하기

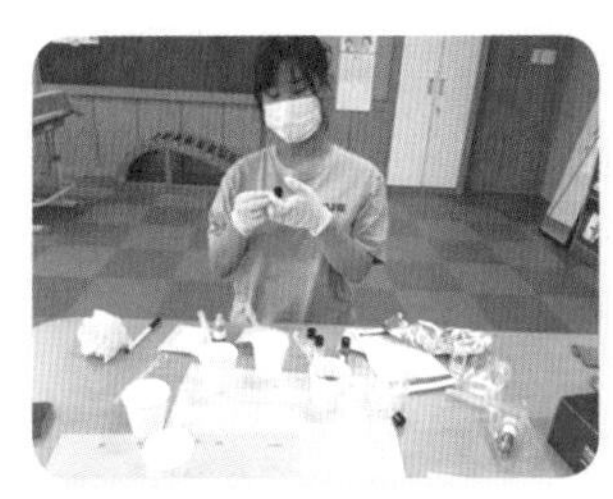

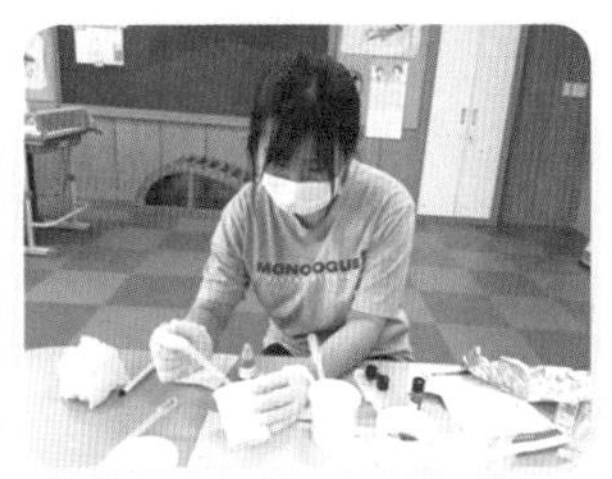

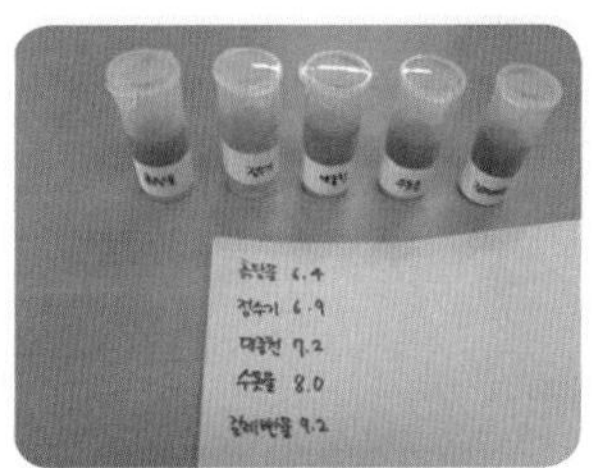

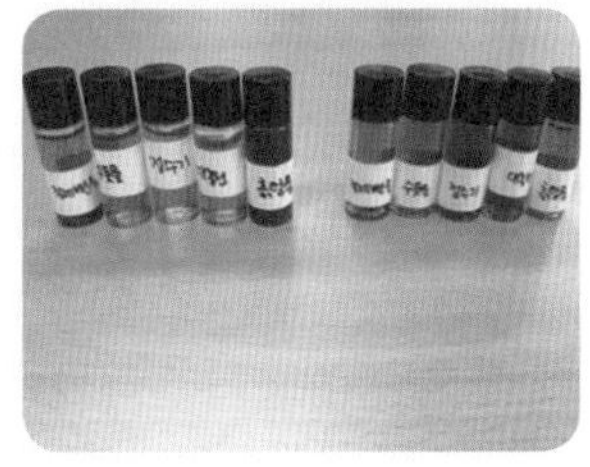

- 조사 기간 : 7월부터 9월까지 매월 1회 조사 및 환경 정화 활동
- 조사 방법 : 간이수질오염 조사 키트로 측정
- 간이수질오염(BOD 측정 결과)

정수기 > 대종천 > 흙탕물 > 수돗물 > 걸레 빤 물

4) 조사 결과 분석 및 자체 평가

- 대종천 수질이 정수기 다음으로 좋다는 것을 확인했습니다.
- pH는 중성에서 약 알칼리성으로 적정범위를 보였습니다.
- 1년 주기의 정확한 변화 추이를 분석하기에는 자료가 부족하여, 수질판정 변인 간의 관계를 정확히 파악하기에는 어려웠습니다.

5) 환경 정화 활동 실시

대종천의 생물 서식지 훼손과 수질 오염원인 쓰레기 및 오염 물질을 제거하는 등, 지속적으로 환경 정화 활동을 실시했습니다.

대종천 환경 정화 활동

활동 2	우리 지역의 생태보물 알리기

1) 생물도감과 생태지도 만들기

생물도감과 생태지도 만들기

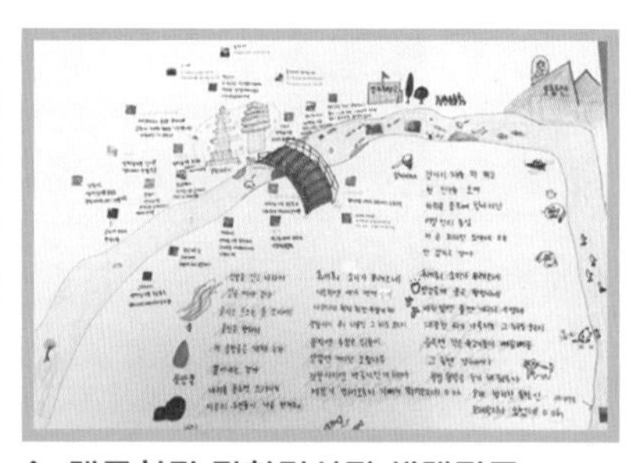

대종천과 장항리사지 생태지도

인공위성 사진 및 경주 지역 관광지도에 대종천과 장항리사지에서 발견한 어류, 수서곤충, 식물들의 사진과 특징을 나타내어 대종천 주변 생물들을 한눈에 파악할 수 있는 생물도감과 생태지도를 만들었습니다.

구분	채집 장소	자료 수집 및 생물도감 수록 내용
식물	장항리사지	8종의 표본, 외관상 특징, 개화 시기, 열매 모양 등
어류	대종천	채집한 2종의 어류 사진, 외관상 특징, 먹이, 서식 습성 등

2) 화랑의 생태보물 이야기로 생태노래 만들기

교내 밴드인 우리 팀의 특성을 살려서 지금까지 탐구한 내용을 바탕으로 생태노래를 만들었습니다. 어떤 장르로 음악을 구성할지 고민하다가 우리가 생각한 가사와 잘 어울릴 것 같은 컨츄리와 발라드를 선택했습니다. 두 곡으로 구성했는데, 모두 대종천과 장항리사지의 관찰 내용을 담았습니다. 음악의 전반적인 느낌은 기존에 있는 비트를 이용한 리듬의 베이스로 잔잔한 힐링 음악을 목표로 하여, 생태탐구를 시작하는 설렘과 대종천과 장항리사지를 탐험하며 느낀 동심을 강조했습니다.

생태노래 만드는 과정

화랑의 생태보물 이야기 _첫 번째 생태노래

신발을 신고 나와서 / 길을 따라 걷다 / 들리는 흐르는 물소리에
/ 홀린 듯 향하지
저 물방울은 대체 누가 / 뿜어내는 걸까 / 바위를 들추면 드러나는
이곳의 주민들이 나를 반겨줘
휘어휘 소리가 들려오네 / 나무 위엔 새가 짹짹이네 / 나무다리 휘청휘청 무섭게 해
장항리사지 뭐 나올진 그 누구도 모르지 / 들판엔 수많은 칡들이 / 양옆엔 커다란 조팝나무
장항리사지엔 백공작 만개해서 / 메뚜기 뛰어 오르지 기뻐서 뛰어오르네 o oh!
…

_비트 출처: https://youtu.be/kw-Se5R_zol

화랑의 생태보물 이야기 _두 번째 생태노래

토함산 동쪽에서 시작돼 / 함월산 기림사에서 내려온
물과 함께 흘러내려 / 저 동해바다까지 오는 강이 / 대종천이래 / 대종천이래
에밀레종의 4배가 넘는 큰 종을 / 몽골군이 가지고 가려 하다가 그만
배가 침몰 된 / 깊고도 넓던 강 이름이 바로 / 대종천이래 / 대종천이래
대종천 강기슭을 걸어가 / 바위를 뒤지고 뜰채를 뒤집고 드러난 바위 밑의 생태계
벌레들은 놀라고 물고기 도망가고 / 장항사지 다리 위를 올라가
하얀 백공작들 활짝 피어나네 / 장항사지 들판 위를 거닐며 보이는 / 수많은 이곳의 거주민
언제 이런 걸 해 보겠어 / 바쁜데 언제 또 이런 걸 하겠어/ 특별한 발견은 없어도
그래 이 정도면 괜찮았네 / 이 정도면 괜찮았네 / 이 정도면 괜찮았네
이 정도면 괜찮았네 / 우린 너무 멀어진 듯해

_비트 출처: https://www.youtube.com/watch?v=s28YbrVlnG8

탐구하는 과정에서 태풍이 온다거나 비가 자주 와서 탐사하기 어려웠던 부분이 있었지만 소금쟁이와 작은 물고기, 개구리 등을 관찰하고, 과학 실험을 한 것이 특별한 시간으로 기억에 남습니다.

현재 경주시에서는 대종천을 주민들을 위한 공간으로 만들기 위해 자전거 도로 건설과 생활체육 시설, 하상 주차장 확대 건설을 추진 중입니다. 우리 지역의 대표적인 하천인 대종천이 지역 주민에게 하천의 기능을 하면서 생활의 편리를 가져다 줄 수 있는 하천이 되길 기대하며, 지속적으로 대종천의 생태계 모니터링과 환경 정화 활동을 병행하고자 합니다.

계속되는 악조건들이 겹쳐서 꾸준히 원하는 방향으로 진행하지 못해 아쉬운 부분이 많습니다. 그렇지만 지금까지 자연과 가까이하지 못했는데 이번 탐구 활동을 하면서 예전에 꿈이었던 생명공학자에 대한 관심도 다시 생겼습니다. 대종천의 생태 모니터링을 통하여 우리가 생활하는 지역의 환경을 올바르게 이해하고, 친구들과 대종천에 채집하러 가는 등 즐거운 추억을 쌓을 수 있었습니다. 조사 과정 중에 발생되는 궁금한 사안이나 필요한 내용들은 국립생태원의 멘토 선생님과 박사님의 조언을 통해 도움을 받을 수 있었습니다. 뜻깊은 시간들을 잊지 않고 앞으로도 환경 보전에 대한 실천과 관심을 갖도록 하겠습니다.

참고문헌

- 국립생태원, 『신나는 생태지도 만들기』, 국립생태원, 2019.
- 김태정, 『(우리가 정말 알아야 할) 우리꽃 백가지1』, 현암사, 1990.
- 이제호 외, 『나무도감 도토리기획』, 보리, 2001.
- 김태정, 『쉽게 찾는 우리꽃 여름』, 현암사, 2016.
- 서정남·박천호·서정근, 『(학교에서 식물가꾸고 관찰하는) 푸른학교 가꾸기』, 부민문화사, 2003.

'힘센 벌꿀 오소리' 팀을 향한 박사님의 총평!

검토자 소속: 국립생태원 생태계서비스팀

검토자 성명: 정필모

생태계서비스는 먼 곳에 있지 않습니다. 내가 사는 곳 주변에 있는 생태계가 나에게 어떤 유익함을 제공한다면 그것이 생태계서비스인 것입니다. 그런 점에서 '생태보물 찾기'라는 주제로 지역 생태 환경에 대한 직접적 조사와 지도 작성을 수행해 본 것은 무척 적합한 주제였습니다. 이러한 탐구를 이뤄 낼 수 있었던 것은 '힘센 벌꿀 오소리' 팀원들이 대종천의 생태계서비스를 직접적으로 겪어 봤고, 겪고 있다는 부분의 의미가 큰 것 같습니다.

팀원들이 느낀 점을 통해 많은 아쉬움을 표현했지만, 대종천 생태계에 지속적인 관심을 갖고 자주 방문하고 조사를 해 보면 눈에 보이는 생물들이 더 늘어날 것이란 생각이 듭니다. 일정한 주기에 맞춰 생물상 조사, 수질 조사를 하면 그것이 대종천 생태계에 대한 모니터링 조사가 되는 것입니다.

결과물을 통해 팀원들이 만들어낸 생태 음악을 접해 봤는데, 대종천이 제공하는 문화서비스(영감, inspiration) 혜택을 누리는 듯했습니다. '힘센 벌꿀 오소리' 팀원들이 만들어낸 탐구 결과를 바탕으로 학교 친구들, 선생님 그리고 대종천을 방문하는 사람들에게 생태계서비스를 알려 주길 바랍니다. 여러분도 생태계서비스의 전문가가 될 수 있습니다. 수고 많았습니다.

날도래 집을 활용한 펜던트 제작을 위한 탐구

에코레인저

······ 팀원 정읍여자중 구에스더, 안지민, 이혜인, 장유진

·· 지도교사 정영희

주제 정하기

날도래 서식지

계획하기

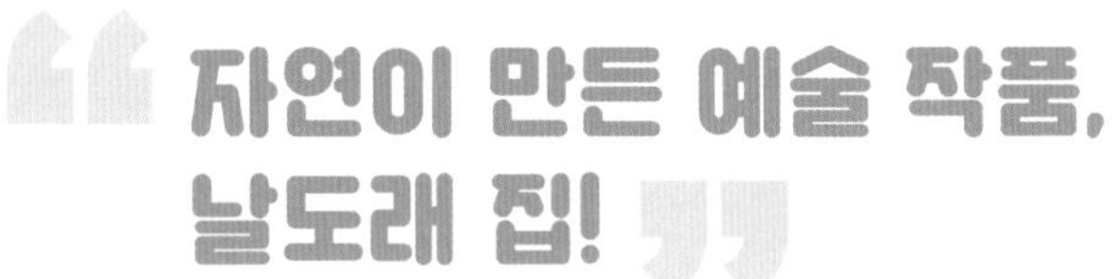

우리는 탐구 계획을 짜다가 크게 두 가지 의견으로 나뉘었습니다.

날도래가 서식하는 장소와 종류에 따른 집 모양을 분석하여 수질과 관련한 생태 탐구를 하자는 의견과 날도래의 집 짓기를 탐구하고 집을 활용한 보석 공예를 하자는 의견이 팽팽했습니다.

선생님께서는 모두 좋은 의견이니 역할을 분담하여 두 가지를 다 해 보자고 하셨습니다.

우리는 날도래의 서식 환경과 날도래 분류 및 집을 짓는 견사에 대해 탐구하고, 날도래 집을 이용한 펜던트를 만들어 생태계서비스를 홍보하기로 했습니다.

멘토 tip!

- 날도래 집을 채색하거나 꾸며 펜던트 등을 만드는 것은 좋은 아이디어입니다.
- 날도래가 집을 만들기 위해 사용한 접착 물질에 대해 거미와 비교하거나 모방한 제품 등이 있는지 찾아보고 제시하는 것이 좋을 듯합니다.

내장산 국립공원은 단풍, 비자림, 굴거리 나무로 유명하며 경치가 매우 수려했습니다.

활동 1	날도래의 서식 환경 탐구하기

1) 날도래 서식지의 자연 환경 조사

날도래 관련 문헌에 따르면 날도래 애벌레는 물이 흐르는 곳이면 어디에나 잘 살아서, 물살이 매우 급하게 흐르는 계곡, 계곡 주변의 웅덩이, 산속의 깊은 시냇물 등에서 발견된다고 합니다. 우리는 국립공원 내장산이 위치한 지역에서 날도래 애벌레의 집을 직접 채집하고, 주변 자연 환경의 경관을 관찰했습니다.

내장산 국립공원

내장산 금선계곡

2) 서식지 수질의 pH농도, DO, COD, 수온 조사

날도래의 서식환경을 탐구하기 위해 실험도구(pH농도 시약지, DO 시약, COD 시약, 수온계)를 준비한 후, 내장산 금선계곡 수질의 pH농도, DO, COD, 수온을 조사했습니다.

지역	pH농도	DO	COD	수온
내장산 금선계곡	pH 7.2	8ppm	0.8ppm	20℃

탐구 결과

날도래는 흐르는 물이 여울져 모래나 작은 자갈이 있는 곳, 큰 바위 밑이나 바위 사이, 또는 바위에 붙어서 살고 있는 것을 확인할 수 있었습니다. 날도래의 서식지인 내장산 금선계곡의 pH는 7.2정도로 중성의 성질이었으며, DO는 8ppm, COD는 0.8ppm, 수온은 20℃였습니다. 상수원수 1급의 기준이 pH는 6.5~8.5, COD는 1 이하, DO는 7.5 이상이므로, 내장산 금선계곡의 날도래 서식환경은 수질 1급수에 해당하는 것을 확인할 수 있었습니다.

작은 자갈 아래에 붙어 있는 날도래 집

활동 2	날도래의 집 모양과 위치 탐구하기

1) 날도래 애벌레의 집 모양과 구조 탐구

우리 팀은 8월에 채집 일정을 잡았으나, 폭우로 인해 계곡에 많은 물이 흘러 채집이 무산되기를 반복했습니다. 여러 날을 보낸 끝에 내장산 금선계곡에서 날도래 애벌레의 집을 채집하고, 날도래 애벌레의 집 모양과 날도래의 종류에 대해서 관찰할 수 있었습니다.

① 날도래 1

집 모양	 집의 크기는 1.5cm이며, 세로 폭이 가로 폭에 비해 길었습니다. 사이사이 이동할 수 있는 작은 구멍들과 숨을 쉴 중간 크기의 구멍이 앞뒤로 뚫려 있었습니다.
집 구조	집의 양쪽 끝은 비어 있고, 집 사이사이에 다리를 내밀 수 있는 작은 구멍이 있었습니다.
날도래 동정	동물계-절지동물문-곤충강-날도래목-우묵날도래과-띠우묵날도래

② 날도래 2

집 모양	 집의 사이사이에 다리가 들어갈 만한 작은 구멍과 작은 숨구멍들이 있고, 사이사이 작은 자갈들과 돌들로 채워져 있었고, 구석구석 큰 돌들로 메워 있었습니다.
집 구조	집의 양쪽 끝은 비어 있고, 집 사이사이에 다리를 내밀수 있는 작은 구멍이 있었습니다.
날도래 동정	동물계-절지동물문-곤충강-날도래목-우묵날도래과-애우묵날도래

2) 날도래 집의 위치와 물의 흐름 관계 탐구

돌에 붙어 있는 날도래는 주로 얕은 물 주변에 서식했고, 크기는 1.5cm 정도 되었습니다. 날도래 집의 뒤쪽 구멍을 관찰한 결과, 앞 구멍보다 크기가 3~4mm 정도 더 컸습니다. 이는 배설하기 위한 것으로 판단됩니다. 집의 입구 쪽은 얕은 물이 흘렀는데, 조금 따뜻하고, 그다지 차갑진 않았으며, 주로 바위에 붙어 있어서 윗부분에만 물이 차 있었고, 그 아랫부분은 물이 많이 고여 있지 않았습니다.

바위에 붙어 있는 날도래의 집은 물의 흐름에 대한 저항을 적게 받기 위하여 유선형으로 되어 있고, 바닥에 살고 있는 날도래의 경우는 원통형으로 되어 있어 환경에 따라 다양한 모양으로 되어 있다는 것을 확인할 수 있었습니다.

활동 3	우화한 날도래 집을 활용하여 생태계서비스 탐구하기

1) 귀걸이 펜던트 만들기

날도래 집을 활용해 귀걸이 펜던트를 만들기로 했습니다. 문구점에 가서 귀찌를 사고, 사전에 구입한 물감으로 날도래의 집을 채색한 후, 눈에 잘 띄도록 커다란 큐빅을 박아서 귀찌에 연결하여 완성했습니다

날도래 집을 활용한 귀걸이 펜던트

2) 목걸이 펜던트 만들기

날도래 집을 활용해 목걸이 펜던트를 만들기로 했습니다. 문구점에 가서 키링을 사고, 귀걸이와 마찬가지로 물감으로 날도래의 집을 채색한 후, 반짝이는 글리터를 묻혀서 빛나는 목걸이를 완성했습니다.

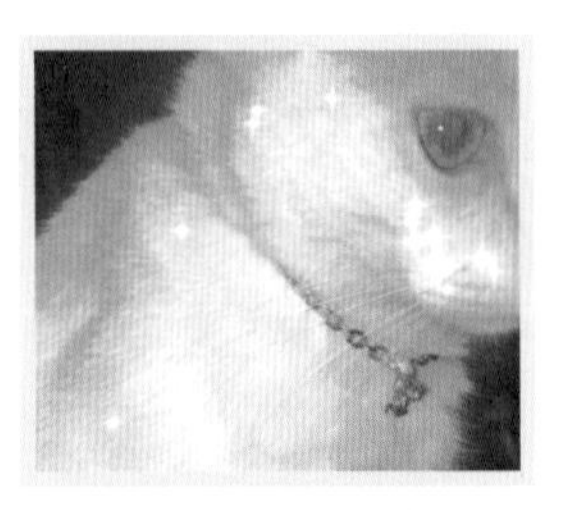

날도래 집을 활용한 목걸이 펜던트

3) 발찌 펜던트 만들기

날도래 집을 활용해 발찌 펜던트를 만들기로 했습니다. 발목에 맞는 키링을 구매 후, 위와 같은 방법으로 발찌 펜던트를 완성했습니다.

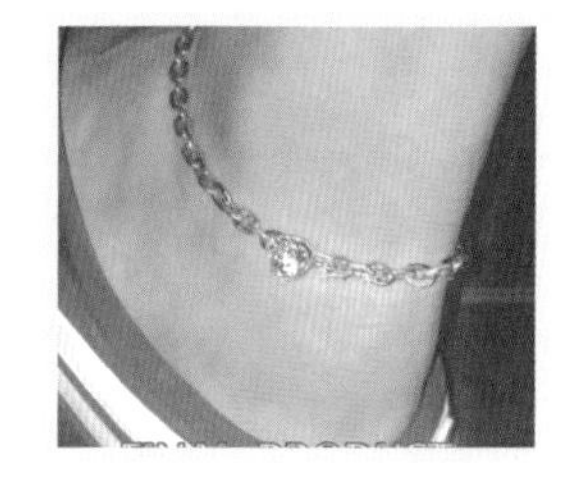

날도래 집을 활용한 발찌 펜던트

탐구 결과

우화한 날도래 집을 예쁘게 채색하기도 하고, 자연 상태로 이용하기도 하여 귀걸이, 목걸이, 발찌 등 다양한 펜던트를 만들어 착용함으로써 환경 지킴이로 활용 가치가 높다는 것을 알 수 있었습니다.

날도래 집 펜던트 제작 과정

활동 4 날도래에 대한 사람들의 인식 변화 탐구하기

1) 온라인 카페를 활용한 설문 조사

코로나로 인하여 실외에서 설문 조사를 할 수 있는 상황이 아니었기 때문에 온라인 카페를 이용한 설문 조사를 진행했습니다. 총 65명의 사람들이 참여해 주었고, 두 가지의 질문을 했습니다. 첫 번째 질문은 날도래의 사진을 첨부하여 사람들이 날도래를 알고 있는지를 물었고, 두 번째 질문은 날도래의 집으로 만든 펜던트의 사진을 첨부하여 날도래 집을 활용한 펜던트에 대한 인식을 조사했습니다. 약 77%의 사람들이 날도래를 모르고 있었고, 날도래의 집을 활용한 펜던트에 대해서는 약 72%가 예쁘다고 답했습니다.

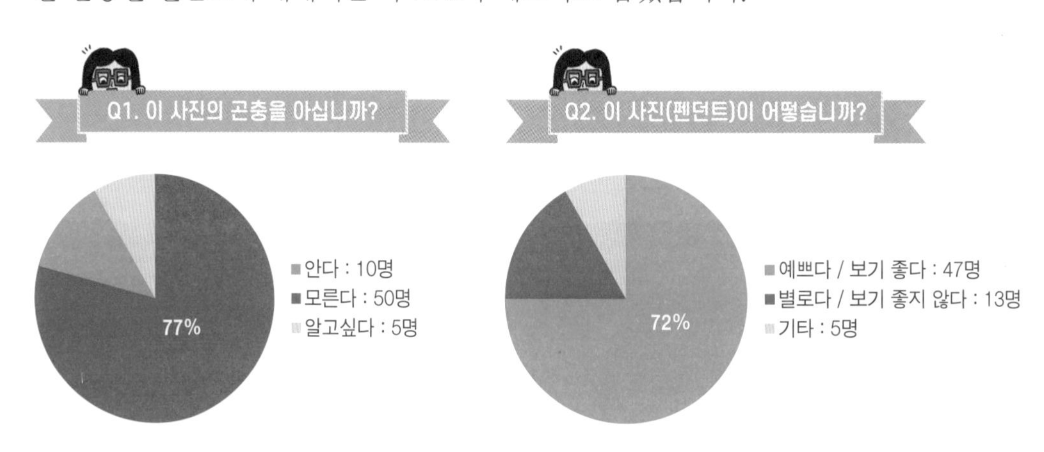

2) 정읍여중 학생을 대상으로 한 설문 조사

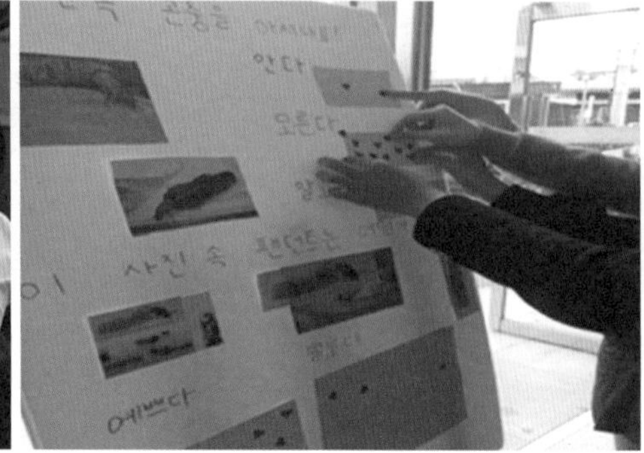

정읍여중 학생을 대상으로 한 날도래 인식 설문 조사

우리 학교인 정읍여중 급식실 앞에서 1, 2학년 76명을 대상으로 설문 조사를 실시했습니다. 설문 조사의 방법은 우드락에 사진을 인쇄하여 첨부한 다음, 온라인 카페에와 똑같은 질문을 하였고, 스티커로 답변을 받아 변화한 인식을 비교했습니다. 약 63%의 학생들이 날도래를 모르고 있었고, 날도래의 집을 활용한 펜던트에 대해서는 약 62%가 예쁘다고 답했습니다.

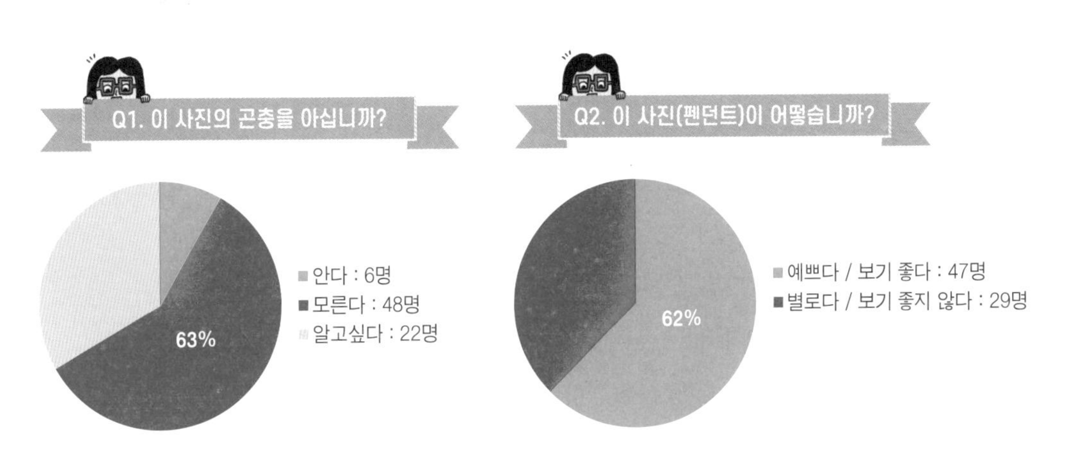

탐구 결과

설문 조사를 통하여 우리는 날도래에 대한 인식이 펜던트를 본 후에 변화한 것을 확인했습니다. 평소에 접하기 어려운 곤충을 보고 관심이 없던 사람들이 펜던트 사진을 본 후, 날도래를 조금은 더 친숙하게 느낀다는 사실을 알았고, 날도래와 같은 수서곤충의 생태계와 환경을 친근하게 느끼게 만들고 싶다는 우리의 목표를 달성할 수 있었습니다.

느낀 점 나누기

날도래라는 이름은 '씨실과 날실을 교대로 엮어 천을 짤 때의 날실'을 의미하는 '날'과 '문이 저절로 열리지 못하게 하는 문빗장'을 뜻하는 '도래'가 합쳐진 말이라고 합니다. 이렇게 날도래 애벌레가 어떻게 집을 짓는지 자세히 관찰한 후 이름을 붙였을 것이라 생각하니 조상들의 과학적 관찰이 얼마나 뛰어났는지 알 수 있었습니다. 이번 탐구대회가 아니었다면 아마 우리가 날도래에 관심을 갖고 생태계서비스에 대해 공부할 기회는 쉽지 않았을 것입니다. 그런 점에서 지난 탐구의 기억들 하나하나가 우리에게 무척 소중한 추억으로 남았습니다.

날도래의 집을 채집하면서 벌레도 많고, 땀도 나고, 물은 너무 차가워서 힘들었던 순간도 많았습니다. 하지만 우리가 직접 채집한 날도래의 집을 채색하고, 펜던트를 완성하고 나니 정말 예뻐서 벌레의 집이라고 다 징그러운 건 아니구나 하는 생각에 새삼 신기했습니다. 날도래가 우리에게 주는 자연의 선물, 생태계서비스라고 생각하니 더 특별하게 느껴지기도 했습니다.

탐구 중에 우리가 방향을 잃고 힘들어할 때마다 중심을 잡고 이끌어 주신 선생님과 질문이 생겼을 때 늘 잘 대답해 주신 멘토 선생님들께도 고맙습니다.

참고문헌

- 원두희 외, 『한국의 수서곤충』, (주)생태조사단, 2005.
- 윤일병, 『한국 동식물도감 제 30권 동물편(수서곤충편)』, 문교부, 1988.
- 환경처, 『생물을 이용한 수질 측정』, 국립환경연구원 호소 수질 연구소, 1994.
- 강미숙, 『한국의 날도래』, 자연과 생태, 2020.

‘에코레인저’ 팀을 향한 박사님의 총평!

검토자 소속: 국립생태원 생태계서비스팀
검토자 성명: 이경은

날도래 집으로 펜던트를 만든다는 주제가 매우 신선하고 인상적이었습니다. 흔히 강가에서 날도래 집을 보면 모래인 줄 알고 지나치기 쉬운데, 학생들 스스로 모래와 다름을 알아내고 이에 대한 궁금증을 해소하기 위해 노력한 관찰력과 탐구력을 매우 칭찬하고 싶습니다.

날씨 등 탐구 상황이 좋지 않아 원하는 자료를 충분히 얻지 못한 것 같아 안타까웠습니다. 그래도 포기하지 않고 탐구 방향을 수정하여 진행해 가려고 하는 자세가 매우 훌륭했습니다. 날도래 집을 예쁜 펜던트로 만들어 홍보함으로써 날도래가 하찮은 벌레가 아닌 생태계에 중요한 역할을 하는 동물이며 더 나아가 생태계 보존의 중요성을 효과적으로 알려주었다고 생각합니다. 이번 탐구 활동을 통해 작은 생명체도 우리에게 다양한 혜택을 주고 있다는 사실을 알게 되었으리라 생각합니다. 앞으로도 자연의 소중함을 잊지 않기를 바랍니다. 그리고 우리가 누리고 있는 다양한 생태계서비스에 더욱 관심 가져 주길 부탁합니다.

숲이 자라는 도시
_수직 숲 건물 탐구

…… 팀원 칠곡초 **배소율**, 유가초 **황지현**, **황서현**

… 지도교사 **김종옥**

주제 정하기

나 이번 주말에
가족들이랑
캠핑 가기로 했다!
좋겠다.
나는 아예 숲에서 살고 싶어.
도시는 너무 답답해.
세계 인구 셋 중
둘은 도시에서 산대.
우리도 도시에 살고 있으니
적응해야지 어쩌겠어.

도시를 벗어나지 않고
자연과 함께 살 수 있는
방법은 없을까?
도시 안에
숲이 있으면
되지 않을까?
좋은 생각인데?
우리가 도시에
만들 수 있는 숲을
탐구해 보자!

계획
하기

숲을 우리 곁으로!

현대인들은 도시화 과정을 겪으면서 높아지는 도시의 온도로 인해 온열질환, 폭염, 환경오염, 미세먼지 등의 문제들을 겪고 있습니다.

우리 팀은 도시에 살고 있는 사람들이 도시를 떠나지 않고 숲이 주는 생태계서비스를 누릴 수 있는 방법을 고민하게 됐습니다.

도시 숲이 우리에게 주는 생태계서비스와 필요성을 탐구하고, 숲과 우리가 함께 살아가는 방법을 탐구하기로 했습니다.

멘토 tip!

도심에 숲을 조성하는 것은 분명 장점이 더 많을 테지만, 단점의 여부 또한 확인해 본다면 보다 논리적인 탐구 활동이 될 것입니다.

탐구 과정·결과 정리하기

활동 1 숲이 우리에게 주는 생태계서비스 탐구하기

1) 독후 활동을 통한 생태계서비스 탐구하기

도시 숲의 중요성에 대한 이해를 돕기 위해 숲의 기능과 숲이 우리에게 주는 생태계서비스를 알아보고, 동화책에 등장하는 생태계서비스를 찾아보고 이해하였습니다.

✓ 『아낌없이 주는 나무』

나무는 소년에게 공급서비스인 사과와 나무를 주었고, 문화서비스인 휴식과 놀이를 제공했습니다. 나무는 자연에게 지지서비스인 새들의 보금자리와 조절서비스인 산소와 공기정화도 제공했습니다.

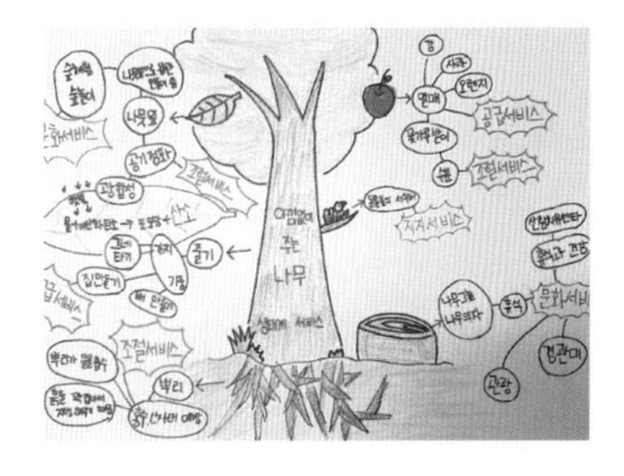

『아낌없이 주는 나무』 속 생태계서비스 찾기 활동

✓ 『나무들이 재잘거리는 숲 이야기』

숲은 생태계를 유지시키는 기초 보금자리로, 그 면적이 줄어들면 식물과 초식동물은 물론 사람도 살 수 없는 환경이 될 것입니다. 숲은 공기를 맑게 해 주고 댐 역할로 우리에게 물을 공급합니다. 산사태를 막아 주고 자연 자원을 제공합니다. 그리고 우리의 몸과 마음에 쌓인 피로를 풀어 줍니다.

『나무들이 재잘거리는 숲 이야기』 속 생태계서비스 찾기 활동

✓ 『나무가 자라는 빌딩』

수직 숲의 모형에 대해서 탐구해 보고 만약 '내가 자연이 된다면'이라는 주제로 미술 독후 활동을 했습니다. 좋아하는 나비가 머리에 앉고 아름다운 꽃과 나뭇잎들이 우리와 하나가 되어 넘쳐나게 피어나는 모습을 표현했습니다.

『나무가 자라는 빌딩』 속 생태계서비스 찾기 활동

2) 숲 체험 활동을 통해 생태계서비스 체험하기

숲이 인체에 미치는 영향과 혜택을 체험하고자 비슬산 산림치유센터를 견학했습니다. 숲 체험 활동은 산림치유 해설가와 함께 약 2시간 동안 설계된 산책로를 맨발로 걷는 것이었습니다. 맨발바닥에 처음 닫는 숲의 느낌은 아픔이었지만 시간이 지나면서 익숙해졌습니다. 체험 도중 발견한 도토리거위벌레와 나무의 상생 모습을 통해 함께 살아가는 생태계의 공존을 엿볼 수 있었습니다. 체험 전후에 설문지 작성을 하고 인바디와 스트레스 수치 검사를 했습니다. 숲 체험 활동 후에 스트레스 수치와 피로도는 많이 떨어졌고, 스트레스 대처 능력, 심장 안정도, 평균 심박수 등의 변화가 2시간의 산행을 한 직후인데도 안정적인 수치로 나타났습니다.

비슬산 숲 체험 활동

3) 숲 체험 후 융합 활동하기

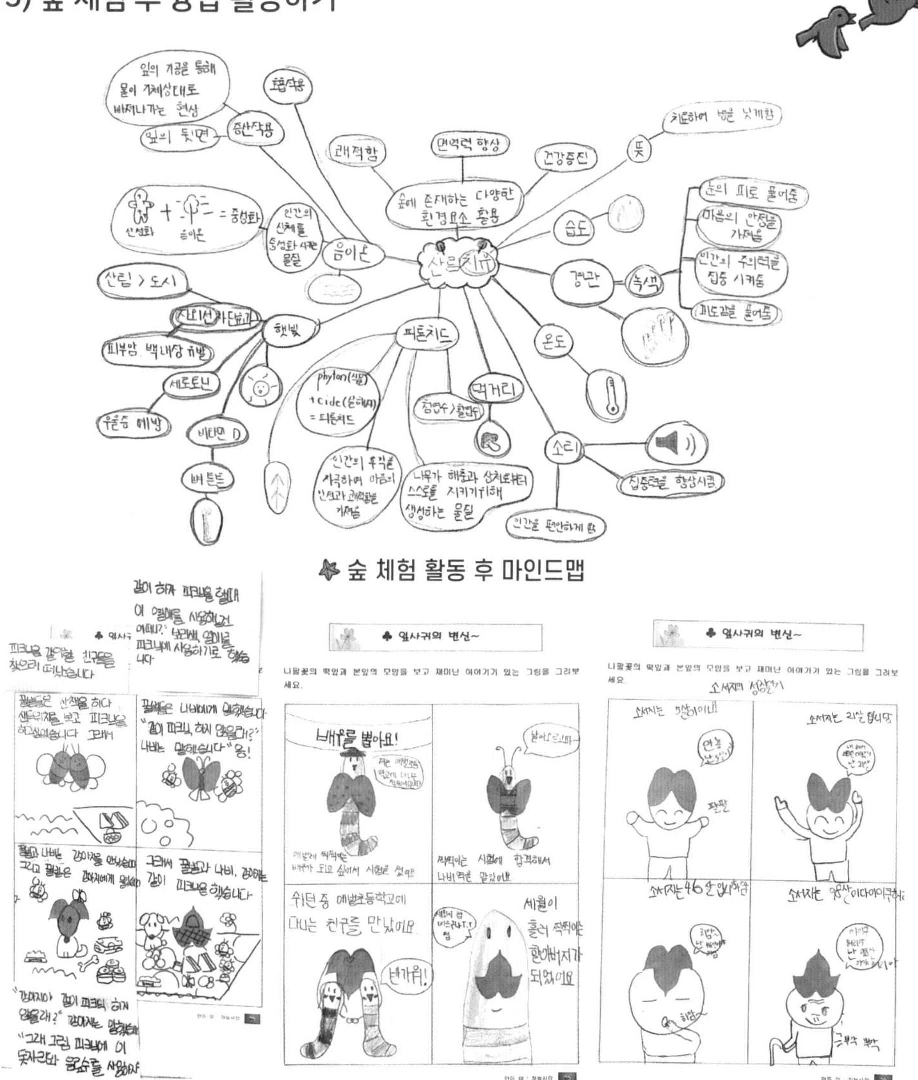

숲 체험 활동 후 마인드맵

떡잎과 나뭇잎으로 연상되는 이야기 만들기

숲 체험 활동 후 알게 된 정보들을 마인드맵으로 정리했습니다. 피톤치드는 활엽수보다 침엽수에서 더 많이 나온다는 사실이 새로웠습니다. 숲을 찾는 소수의 사람들만이 아니라 도시에서 사는 모두가 산림 치유의 혜택을 누렸으면 좋겠다는 생각이 들었습니다. 우리의 생각을 모아서 떡잎과 나뭇잎으로 연상되는 이야기를 만들었습니다. 같은 그림, 서로 다른 독특한 이야기에 웃음 짓게 된 활동이었습니다.

4) 공익 광고 제작하기

생태계서비스와 숲이 주는 혜택, 환경 오염에 대한 내용을 담아 공익 광고 형식의 동영상을 제작했습니다. 숲이 주는 생태계서비스를 홍보하고 환경 오염의 심각성을 알려 숲과의 공존에 대해서 생각해 보고자 했습니다. 3가지 주제(생태계서비스, 환경 오염, 자연 보호)를 담을 수 있게 기획하고, 스토리보드를 작업 후 직접 그린 손그림으로 촬영했습니다. 촬영한 영상은 유튜브(https://youtu.be/pSJXTZT45o4)에 게시해 친구들과 공유할 수 있도록 했습니다.

공익 광고 제작 과정

동영상 QR

하이하이팀 시나리오

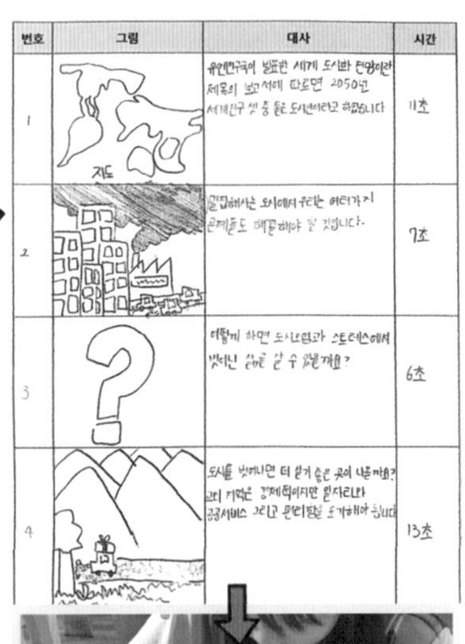

번호	그림	대사	시간
1	지도	유엔인구국이 발표한 세계 도시화 전망이란 제목의 보고서에 따르면 2050년 세계인구 셋 중 둘은 도시인이라고 하였습니다	11초
2		밀집해사는 도시에서 우리는 여러가지 문제들도 해결해야 할 것입니다.	7초
3		어떻게 하면 도시오염과 스트레스에서 벗어난 삶을 살 수 있을까요?	6초
4		도시를 벗어나면 더 살기 좋은 곳이 나올까요? 교외 지역은 경제적이지만 일자리와 공공서비스 그리고 편리함을 포기해야 됩니다	13초

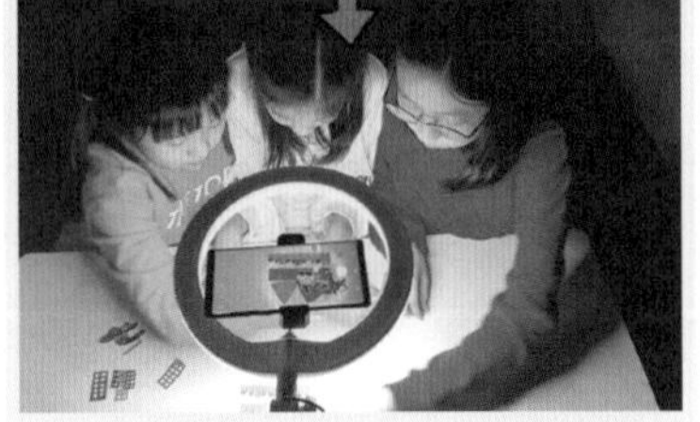

활동 2	환경 오염이 생태계서비스에 미치는 영향 탐구하기

1) 오염 물질이 식물의 발아에 미치는 영향 - 적무 씨앗 실험

우리가 생활하면서 배출하는 환경 오염 물질이 생태계에 어떤 영향을 미치는지 적무 씨앗의 발아를 통해 관찰했습니다.

✓ 실험 과정 1 : 환경 오염 물질 준비하기

① 소금 혼합물 : 소금 작은 수저 1스푼과 물 100mL를 혼합합니다.

② 식초 혼합물 : 식초 5cc와 물 100mL를 혼합합니다.

③ 세제 혼합물 : 주방세제 5cc와 물 100mL를 혼합합니다.

④ 종이 영수증 혼합물 : 물병에 종이 영수증을 가득 채운 후 물을 넣습니다.

⑤ 폐건전지 혼합물 : 구멍을 낸 건전지 3~4개를 물을 채운 생수병에 넣습니다.

✓ 실험 과정 2 : 적무 씨앗 발아하기

① 페트리 접시 6개에 탈지면을 깝니다.

② 각각 물, 소금 혼합물, 식초 혼합물, 세제 혼합물, 종이 영수증 혼합물, 폐건전지 혼합물을 탈지면에 축축할 정도로 넣습니다.

③ 각각의 페트리 접시에 적무 씨앗 30개를 올려놓습니다.

④ 페트리 접시에 뚜껑을 닫아 따뜻한 곳에 놓아둡니다.

⑤ 3일 동안 각각에 발아하는 씨앗의 개수와 상태를 확인합니다.

구분	1일째	2일째	3일째
물	26개 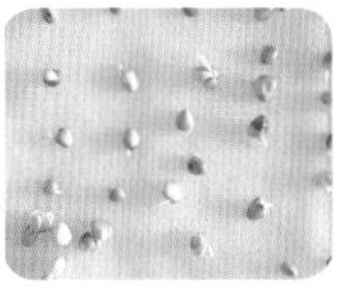 대부분의 씨에서 싹이 틈	30개  진녹색 떡잎, 검붉은 줄기, 잔뿌리	30개  줄기 5cm 이상 성장
종이 영수증 혼합물	25개 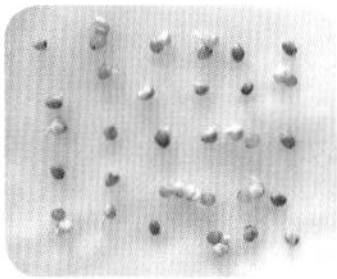 세제보다 뿌리가 김	29개 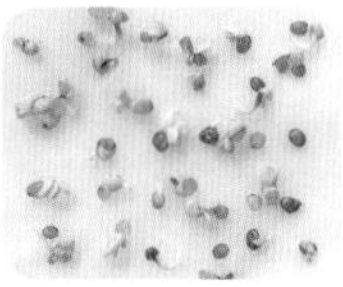 연두색 떡잎, 줄기와 뿌리가 연약함	29개  녹색 떡잎, 잔뿌리
세제 혼합물	11개 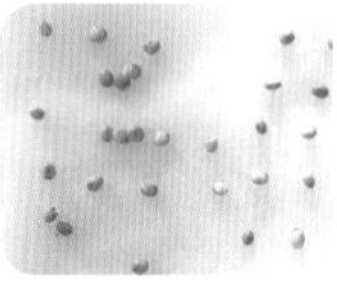 뿌리가 영수증보다 짧음	24개 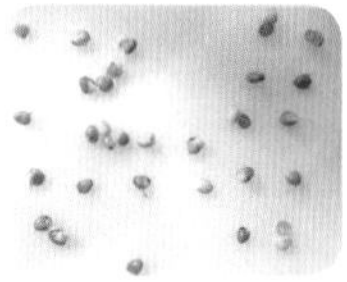 뿌리가 아주 조금 자람	26개 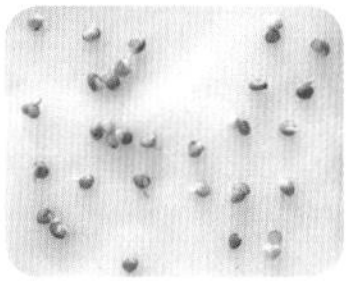 성장 멈춤, 악취
소금 혼합물	0개 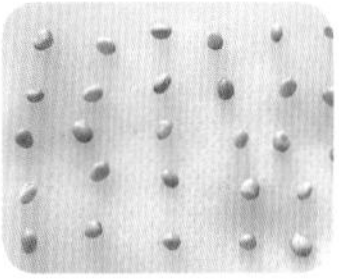	0개 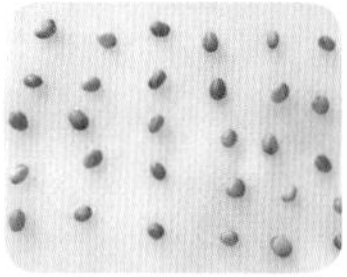	0개 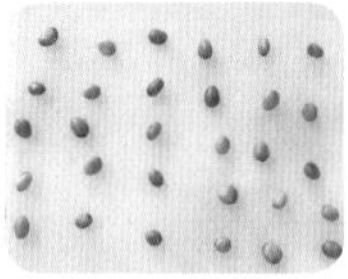
식초 혼합물	0개 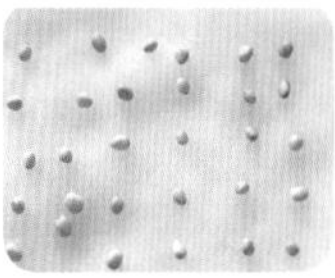	0개 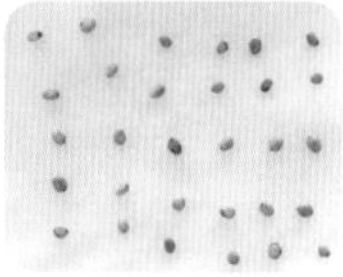	0개 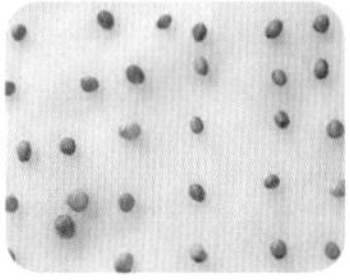
폐 건전지 혼합물	0개 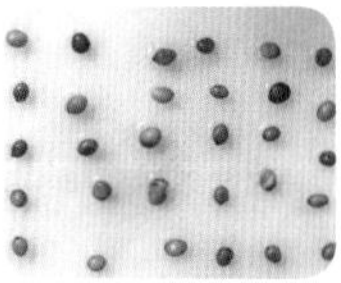 씨앗에서 녹색물이 나옴	0개 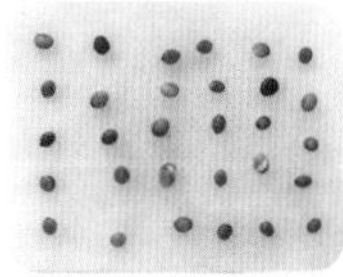 씨앗 색이 까맣게 변함	0개 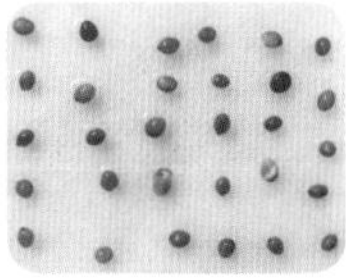

실험을 통해 식물은 자연환경에서는 잘 자라지만, 인간이 바꿔 버린 약간의 환경 변화에는 민감하게 반응하여 발아가 불가능한 것을 확인했습니다. 환경 오염은 식물의 성장에만 영향을 끼치는 것이 아닙니다. 종이 영수증의 비스페놀A는 환경호르몬으로 사람의 호르몬 작용을 방해하여 기형아 출산, 암, 성조숙증을 유발합니다. 피부가 얇은 유아나 청소년에게 더 위험하여 종이 영수증을 만지게 해서는 안 됩니다. 핸드크림이나 손소독제를 바른 손으로 종이 영수증을 만지면 흡수가 더 빠르기 때문에 주의해야 합니다.

폐건전지는 식물의 발아율을 아주 낮게 하거나 발아되지 않게 합니다. 줄기 및 잎의 성장 속도가 크게 뒤떨어지고 성장한 식물의 뿌리에도 영향을 줍니다. 일반 쓰레기와 함께 매립하면 알칼리 침출수가 발생해 물을 오염시키고 소각을 할 경우에는 망간, 아연 등이 발생해 대기를 오염시킵니다. 폐건전지는 꼭 수거함에 넣어야 됩니다.

2) 팔거천 수질 검사 및 생활 폐수가 생물에 끼치는 영향 - 물벼룩 실험

우리 동네 하천인 팔거천의 수질을 확인하고, 생활 폐수가 생물에 끼치는 영향을 확인하기 위해 팔거천에서 하천물을 수집했습니다.

수질 검사 및 물벼룩 실험 과정

✓ 실험 준비물 : 수산화나트륨수용액, 과망간산칼륨용액, 주사기 1mL 1개, 라벨, 투명컵 4개, 투명 약병 20mL, 하드스틱 4개, 종이컵, 스포이드, 수돗물, 포도당, 세제물, 하천물, 식초, 콜라, 커피, 주스, 물벼룩

✓ 실험 과정 : 수질 검사 및 물벼룩 실험

① 수산화나트륨은 녹여서 준비하고, 과망간산칼륨용액과 함께 라벨을 붙입니다.

② 투명컵에 수돗물, 포도당, 세제물, 하천물 라벨을 붙이고, 각각의 시료를 20mL씩 담습니다.

③ 각 투명컵에 수산화나트륨수용액 2mL를 넣고, 하드스틱으로 잘 섞습니다.

④ 각 투명컵에 과망간산칼륨용액을 주사기로 1mL씩 넣고 잘 섞은 뒤, 색깔 변화를 확인합니다.

⑤ 수돗물, 포도당, 세제물, 하천물, 식초, 콜라, 커피, 주스를 담은 종이컵 각각에 물벼룩을 넣은 후 5분 동안 관찰합니다.

실험 전 우리는 2급수의 지방하천인 팔거천의 수질이 나쁠 것이라 예상했지만 실험 후 놀랍게도 깨끗한 것을 확인했습니다. 식초, 콜라, 커피, 포도당, 주스에 넣은 물벼룩은 바로 죽었고, 세제에서는 물벼룩의 활동이 거의 없었습니다. 물벼룩을 관찰하며 수질 정화와 지표생물을 이해하고, 우리가 흔히 마시고 버리는 음료나 세제의 독성으로 물벼룩이 살지 못하는 것을 실험을 통해 확인했습니다.

팔거천 환경 정화 활동

3) 캠페인 및 교육 활동하기

숲이 우리에게 주는 혜택을 알리고, 우리 주변의 생활 환경 문제에 대한 심각성을 알리고자 환경 정화 캠페인 활동을 했습니다. 우리 동네 하천인 팔거천에서 일회용 비닐, 마스크와 같은 쓰레기를 주운 후 융합 활동으로 자연에게 쓰는 손편지들을 만들어 자연의 소중함을 가슴에 담아 보았습니다.

자연에게 쓴 손편지

활동 3 | 숲이 자라는 도시_수직 숲 건물 모형 제작하기

1) 수직 숲 건물 모형 제작하기

수직 숲 건물 모형 제작 과정

'숲이 자란다'는 표현이 생소할 것입니다. 빌딩 숲이 가득한 도시 속에서 푸르른 공원이 층을 이루어 위로 점점 나무처럼 커 나가는 의미에서의 표현입니다. 우리는 지금까지의 탐구 결과를 바탕으로 숲을 도시에 들일 수 있는 수직 숲 건물을 구상해 한지로 미니어처를 제작했습니다. 수직 숲 건물은 도심 속의 랜드마크로서 지친 도시인들의 휴식처이자 레저 공간이며, 도시 문제들을 해결할 수 있는 방안이 될 것입니다. 숲이 우리와 함께하면 발생할 수 있는 문제점들도 있겠지만 숲이 우리에게 주는 혜택을 사회적·경제적 가치로 환산한다면 엄청난 이득일 것입니다. 도시의 형태가 발전과 함께 달라지는 것처럼 함께 공존하는 숲의 모습도 다양한 형태로 우리와 함께할 것입니다.

수직 숲 건물 모형

비슬산 **산림치유센터**에서의 결과를 보면 숲 체험 후 긴장완화, 스트레스 개선, 신체 생리기능 회복에 효과적인 것을 확인할 수 있었습니다.
따라서 생태계서비스 중 문화서비스 측면인 휴식과 독서를 할 수 있는 공간으로 만들었습니다.

<문화서비스> - 휴식

<문화서비스> - 독서

<조절서비스> - 실내

생태계서비스 중 조절서비스를 표현하였습니다. 실내 오염물질을 제거하는 대표적 식물을 탐구한 후 미니어쳐로 만들었습니다.
(벤자민고무나무, 스파티필름, 파키라, 보스톤고사리, 인도고무나무, 대나무야자, 산세베리아, 문라이트 등)

<공급서비스>

목재, 약초, 과일, 허브 등 자연에서 얻을 수 있는 공급서비스를 표현하였습니다.

<지지서비스>

도시 속 사라진 야생동물의 서식처를 만들었습니다. 바로 생태계서비스 중 지지서비스입니다. 생물의 다양성을 보존하고 이에 대한 중요성을 강조하고 싶었습니다.

<조절서비스> - 실외

생태계서비스 중 실외식물을 탐구하고 수직숲에 적합한 식물을 중심으로 만들었습니다. (맥문동, 무늬접란, 꽃잔디, 소나무, 조팝나무, 은행나무, 로즈마리 등)

느낀 점 나누기

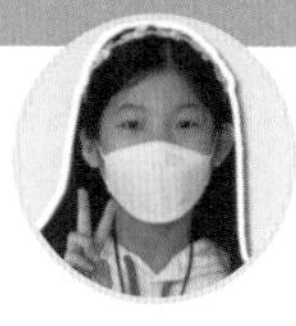

여러 가지 실험들을 직접 해 볼 수 있어서 매우 흥미로웠습니다. 환경 오염과 그 심각성에 대해 배우는 기회는 많았지만 직접 발아 실험을 하니 결과들은 너무나 충격적이었습니다. 발아를 하지도 못하는 씨앗들과 발아는 했지만 제대로 자라지 못하는 식물들을 보면서 자연에게 미안하고 지켜 주고 싶다는 생각이 들었습니다. 특히 폐건전지는 따로 모아 폐건전지 수거함에 버려야겠다고 다짐하게 됐고, 집집마다 버려지는 플라스틱 병을 리사이클링하여 폐건전지 저금통을 만들어도 좋겠다는 생각이 들었습니다.

우리에게 많은 것을 아낌없이 주는 자연에게 이제는 우리가 자연에게 해 줄 수 있는 것이 무엇인지 생각해 보고 실천해야겠습니다. 이번 생태동아리 탐구대회를 통해 많은 것을 체험하고 탐구하며 자연과 더 가까워진 느낌이 들었습니다.

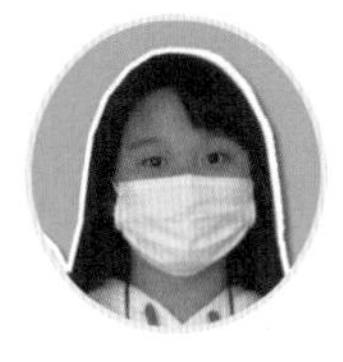

참고문헌

- 박찬열, 『도시숲 미세먼지 저감 효과와 증진방안』, 한국정책학회 추계학술발표논문집, 13-31쪽, 2020.
- 김주열, 『도시에 그린(Green)숲 프로젝트』, 한국정책학회 추계학술발표논문집, 1-11쪽, 2020.
- 이양주, 『나무를 베야 할 시대』, 이슈&진단, 1-26쪽, 2020.
- 이양주(경기연구원), 『경기연구원이슈&진단이슈&진단』, 제427호, 2020.
- 정래헌, 『기후변화에 대한 조경수목의 유형별 이미지 및 선호도 분석』, 국내석사학위논문 한양대학교 대학원, 2020.
- 김미숙, 『치유 숲 환경에서 도시민들의 숲 체험이 인체의 심리적·생리적 반응에 미치는 영향』, 국내박사학위논문 원광대학교, 2020.
- 쉘 실버스타인, 『아낌없이 주는 나무』, 시공주니어, 2000.
- 김남길, 『나무들이 재잘거리는 숲 이야기』, 풀과바람, 2014.
- 윤강미, 『나무가 자라는 빌딩』, 창비, 2019.
- 임선아, 『누가 숲을 사라지게 했을까?』, 와이즈만BOOKS, 2019.

'하이하이' 팀을 향한 박사님의 총평!

검토자 소속: 국립생태원 생태계서비스팀

검토자 성명: 정필모

팀원들이 우리가 살고 있는 도시를 둘러보면서 직접적으로 겪고 있는 문제점을 도출하고, 이것을 해결할 수 있는 방안을 마련하기 위해 여러 가지 방법을 전개한 것은 전문가 못지않았습니다. 『아낌없이 주는 나무』 이야기를 통해 생태계가 제공하는 공급-조절-문화-지지서비스를 분류해 놓은 그림을 보면서 생태계서비스에 대한 기본 개념을 아주 잘 이해했다는 것을 알 수 있었습니다.

도시 생활에 있어서 숲이 주는 혜택에 대해서 파악하고, 실험을 통해 환경오염의 영향에 대해 알아보고, 생태계서비스 측면에서 숲이 가진 장점들을 직접 체험하고 그 결과를 제시하는 방식을 통해 탐구 활동에 대한 신뢰를 높인 점이 무척 훌륭합니다. 더구나 수직 숲의 모형을 멋지게 제작해 탐구 활동에 대한 시각적인 도움을 주었기 때문에 하나의 완벽한 연구 결과라고 할 수 있습니다. 진심으로 찬사를 보내고 싶습니다. 엄청난 시간이 걸리고, 팀원들이 많은 공을 들인 것이 보이는 결과물입니다. 흥미로운 탐구 결과를 통해 도시 숲이 제공하는 생태계서비스에 대해서 주변 친구들에게 꾸준히 알려 주었으면 좋겠습니다.

초록별 지구 여행 가이드

초록별 여행자

팀원 당북초 이선우, 이소영, 이호천, 임정민

지도교사 이은진

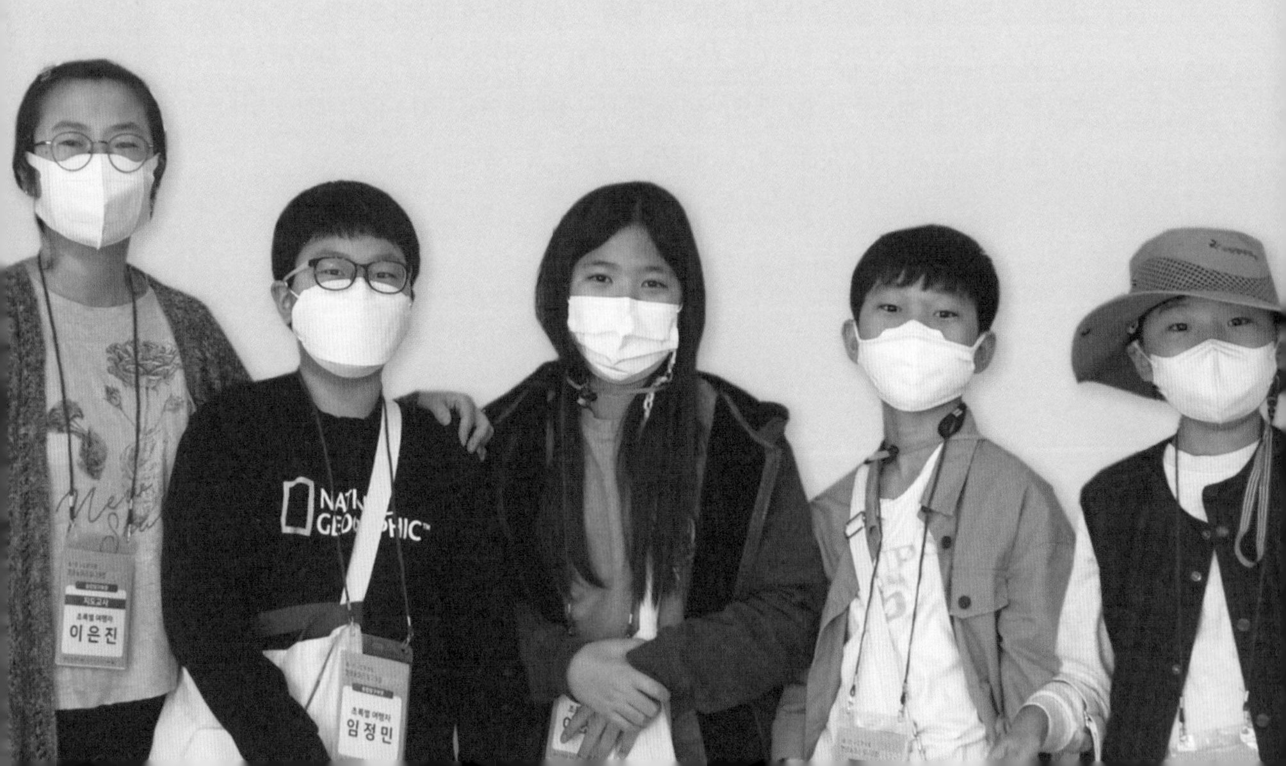

주제 정하기

이번 탐구대회 주제가 '생태계서비스'라는데, 그게 뭔지 알아?
사전에서 찾아보면 되지! '어느 환경 안에서 사는 생물군과 그 생물들을 제어하는 제반 요인을 포함한 복합 체계'라는데?

그게 뭐야? 조금 쉽게 설명해 줄 수 없어?
우리가 한번 해 보는 게 어때? 생태계서비스를 쉽고 재밌게 설명하는 것 말이야!

계획 하기

쉽고 재밌는 생태계서비스!

친구들과 이야기를 나눠 보니 '생태계서비스'라는 말을 아는 친구는 거의 없었습니다. 우리는 교육을 통해 쉽고 즐겁게 생태계서비스를 알리고 이에 대한 인식 변화를 탐구하기로 했습니다.

생태계와 관련된 설문 조사를 통해 사람들의 생태계서비스에 대한 생각을 조사하기로 했습니다.

생태계서비스를 알리기 위해 동화를 만들고 간단한 스톱모션 애니메이션을 제작하기로 했습니다.

스톱모션 애니메이션을 본 후 다시 한 번 설문 조사를 하여 인식 변화를 분석하기로 했습니다.

멘토 tip!

보통 영상의 길이가 3분을 넘어가면 집중도가 떨어지기 때문에 3분 안에 탐구 내용들을 다 담아내야 합니다. 따라서 시나리오 작성을 철저하게 하고, 자막을 넣어서 음량과 출연자의 발음이 내용 전달에 저해가 되지 않도록 하는 것이 중요합니다.

멘토 tip!

설문 조사에서 문의 내용을 서술형으로 하면, 답변의 방향이 너무 다양해져 정리가 힘들 수 있고, 마치 답이 있는 설문인 듯한 인상을 줄 수 있습니다. 지식의 변화보다는 인식의 변화를 확인하는 것이 최종 목적이므로 문의 내용을 객관식으로 하는 것을 추천합니다.

활동 1 생태계서비스 탐구하기

우리 팀원들이 생태계서비스에 대한 이해를 하고 있어야 친구들에게 알릴 수 있기 때문에, 생태계서비스에 대해 학습하는 것을 첫 탐구로 시작했습니다. 국립생태원 에코리움을 방문해서 해설사 선생님께 설명을 듣고, 생물다양성 게임을 하며 생태계에 대한 이해를 재밌게 할 수 있었습니다. 쉽고 재밌게 생태계서비스를 알리고자 하는 우리의 탐구 주제와 아주 적절한 활동이었습니다.

국립생태원에서 발간한 지도서와 교구를 활용하여 친구들과 보드게임을 만들어 해 보니, 자연이 우리에게 주는 혜택이 환경이나 상황에 따라 달라지는 것을 쉽게 이해할 수 있었습니다.

생태계서비스 보드게임 하기

활동 2 | 생태계서비스 인식 설문 조사하기

생태계서비스에 대한 사람들의 인식을 확인하기 위해 설문 대상을 초등학생과 성인으로 나눠서 했습니다. 설문 조사는 코로나19로 인하여 온라인으로 진행했습니다. 처음에는 주관식으로 질문을 만들었다가 멘토님의 조언을 듣고 객관식으로 변경했습니다.

✓ 초등학생 설문 결과

Q1. 생태계서비스에 대해 알고 있습니까?

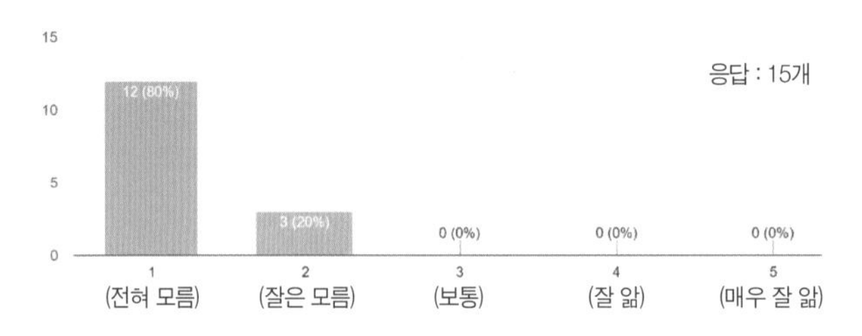

Q2. 생태계가 우리에게 주는 게 아닌 것은 다음 중에 무엇일까요?

응답 : 15개

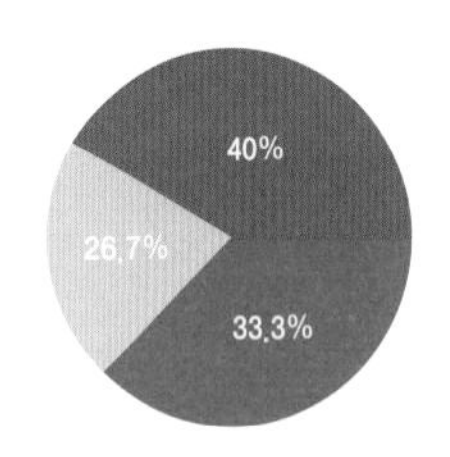

- 음식을 공급한다.
- 질병을 조절한다.
- 종교(신앙적인 체험)를 제공한다.
- 토양을 생성한다.
- 위 4개는 모두 생태계가 제공한다.

✓ 성인 설문 결과

Q1. 생태계서비스에 대해 알고 있습니까?

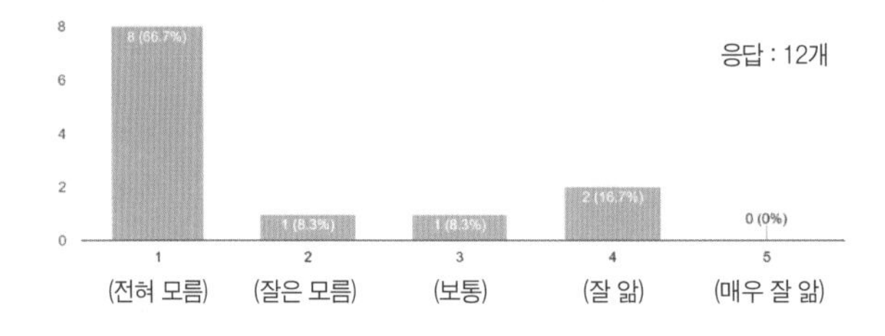

Q2. 생태계가 우리에게 주는 게 아닌 것은 다음 중에 무엇일까요?

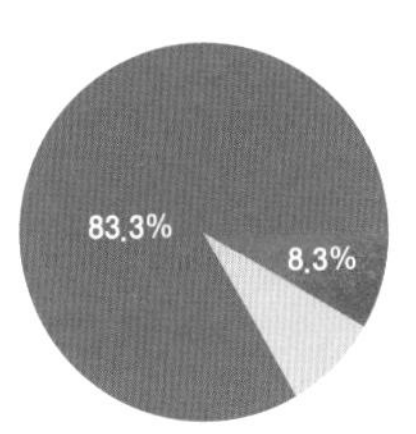

응답 : 12개

- 음식을 공급한다.
- 질병을 조절한다.
- 종교(신앙적인 체험)를 제공한다.
- 토양을 생성한다.
- 위 4개는 모두 생태계가 제공한다.

설문 조사 결과는 우리가 예상했던 것보다 심각했습니다. 성인과 초등학생 모두 생태계서비스를 잘 이해하지 못하고 있었고, 특히 초등학생이 생태계서비스에 대한 전반적인 이해도가 낮았습니다. 그리고 생태계서비스 중에서 문화서비스와 조절서비스에 대한 이해가 다른 서비스들보다 더 부족하다는 결과가 나왔습니다. 우리는 설문 결과를 바탕으로 생태계서비스를 잘 알릴 수 있는 동화 형식의 스톱모션 애니메이션을 제작하기로 탐구 방향을 결정했습니다.

활동 3 | 생태계서비스 동화 제작하기

1) 스토리 짜기

주인공이 공급, 조절, 문화, 지지 4개의 생태계서비스를 획득하는 내용으로 동화를 구상했습니다. 팀원들이 함께 아이디어를 모아서 내용을 쓰고, 그림을 그려 동화책을 만들었습니다.

동화 스토리 짜기

옥토의 초록별 여행 일기(스토리 라인)

① 달에 사는 옥토끼가 의도치 않은 실수로 지구(초록별)에 불시착합니다.

② 생태계에서 4가지 보물(생태계서비스)을 얻어야 돌아갈 수 있다는 조언을 얻습니다.

- 공급서비스 : **사막에서 귀요미(사막여우)를 만나면서 물, 먹거리, 원자재, 의약 자원을 활용하여 첫 번째 보물을 획득합니다.**
- 조절서비스 : **도시에서 서울쥐를 만나 대기질, 수질, 기후, 자연재해 조절을 하고 수분을 통해 두 번째 보물을 획득합니다.**
- 문화서비스 : **온천에서 휴식 및 관광을 하고 용을 만나 예술적 영감을 얻어 세 번째 보물을 획득합니다.**
- 지지서비스 : **3가지 보물을 얻으면서 만난 친구들을 생각하며 생물다양성과 서식지의 중요성을 깨달아 마지막 보물을 획득합니다.**

2) 오디오북 제작하기

우리가 만든 동화 내용을 친구들이 쉽게 보고 공유할 수 있도록 오디오북을 제작했습니다. 표지를 꾸미고, 동화 내용을 넣고, 어울리는 그림을 그렸습니다. 완성된 책을 스캔하고, 각자 역할을 나눠서 녹음을 하고, 오디오북 편집 프로그램을 활용해 동영상을 만들었습니다. 서툴지만 우리가 생각한 내용을 직접 친구들에게 읽어 주

오디오북 표지

는 일이 무척 즐거웠습니다. 우리의 오디오북은 인터넷(https://drive.google.com/file/d/1OtoFkCVHmc4Mdbm0s5k1xXAfmAHCG-2n/view?usp=sharing)을 통해 감상할 수 있습니다.

동영상 QR

3) 스톱모션 애니메이션 제작하기

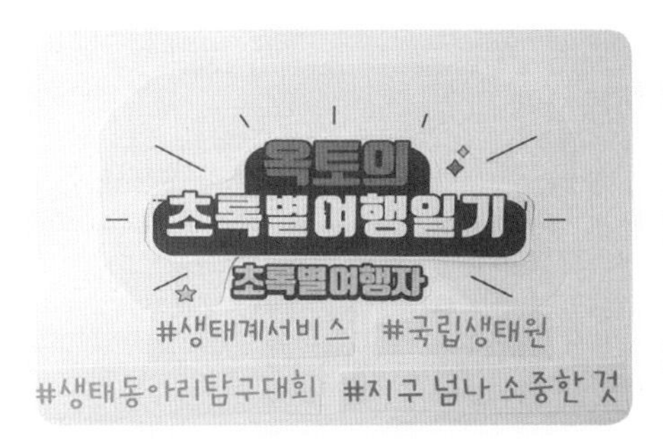

스톱모션 장면

오디오북을 다 보는 데는 18분 정도가 소요돼서 간단하게 생태계서비스를 알 수 있는 5분 내외의 스톱모션 애니메이션을 추가로 만들었습니다. 스톱모션 프로그램을 활용해서 우리가 만든 동화책 속의 그림이 살아 움직이는 듯이 만들었습니다. 우리가 직접 그린 그림들이 움직이는 것이 무척 신기하고 재밌었으며, 영상에 익숙한 또래 친구들도 더 쉽게 즐기는 것을 확인할 수 있었습니다.

활동 4 오디오북 감상 후 생태계서비스 인식 재설문하기

우리가 만든 오디오북을 본 뒤에 생태계서비스에 대한 인식이 변화하는지 확인하기 위해 재설문을 했습니다. 이전에 설문을 받았던 초등학생을 대상으로 오디오북을 보여 주고 난 후에 다시 설문 조사를 했습니다.

✓ 초등학생 재설문 결과

Q1. 동화를 보기 전보다 생태서비스를 잘 이해하게 되었나요?

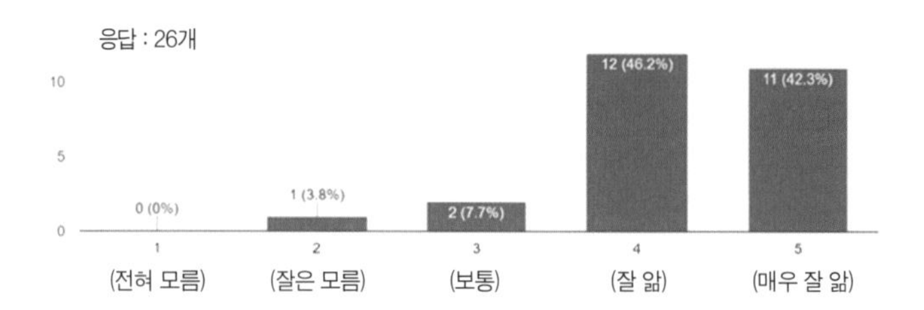

Q2. 옥토가 펭돌이에게 부탁받아 귀요미를 도와주면서 얻은 첫 번째 보물(초록색 꽃: 우리가 직접적으로 얻는 식량, 물, 목재, 의약자원)은 생태계서비스 중 어떤 서비스일까요?

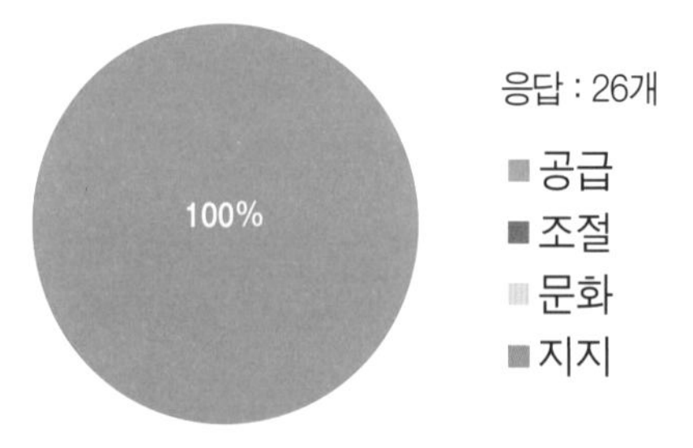

Q3. 옥토가 서울쥐를 도와주면서 얻은 두 번째 보물(하늘색 씨앗: 대기질, 수질, 기후조절, 꽃가루받이, 침식방지 등)은 생태계서비스 중 어떤 서비스일까요?

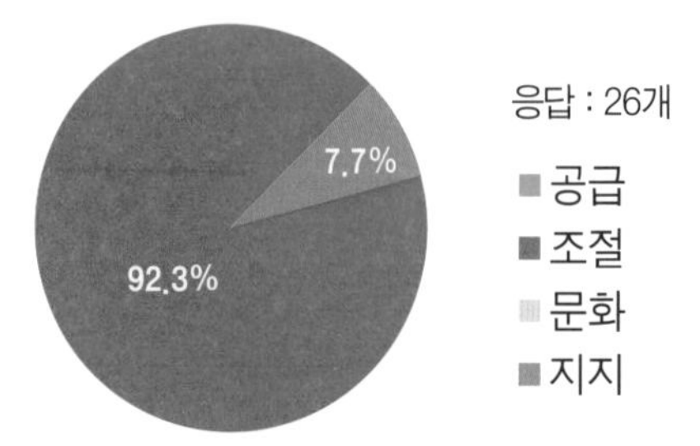

Q4. 옥토가 용과 대화하면서 얻은 세 번째 보물(분홍색 꽃: 아름다운 경관, 자연 속 명상, 예술적 영감)은 생태계서비스 중 어떤 서비스일까요?

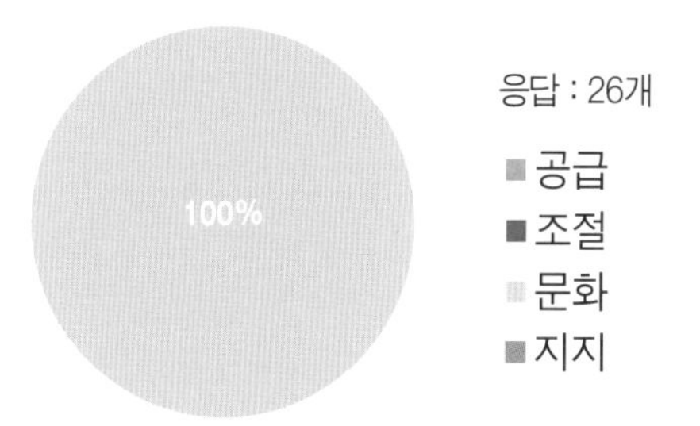

Q5. 옥토와 부모님의 대화 중 3가지 보물을 얻었던 과정을 떠올리면서 얻게 된 네 번째 보물(노란색 꽃잎: 세 가지 기능이 유지될 수 있도록 받쳐주는 생물다양성, 서식처)은 생태계서비스 중 어떤 서비스일까요?

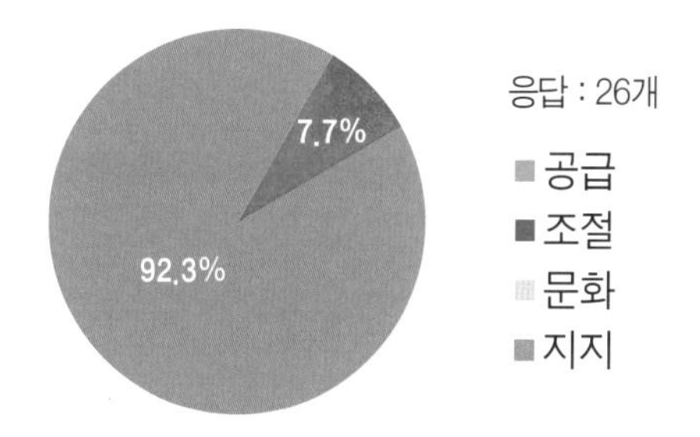

재설문 결과를 통해 생태계서비스에 대해 대체로 잘 이해하게 되었고, 옥토(주인공)가 얻은 보물이 어떤 생태계서비스를 뜻하는지도 잘 알게 됐다는 대답을 얻었습니다. 우리가 만든 탐구 결과물을 통해 친구들이 생태계서비스를 더 잘 이해하게 되어서 무척 뿌듯했습니다.

느낀 점 나누기

생태계서비스의 개념은 도입된 지 오래 되었기 때문에 많은 사람들이 알 것이라고 생각했지만 생각보다 많은 사람들이 잘 모르고 있다는 것을 설문 조사를 통해 알게 되었습니다. 자연이 주는 혜택이라고 하면 막연하게 감사하게 생각하고 또 많은 것을 알고 있다고 생각하겠지만, 생태계서비스에 가치를 매긴다면 우리가 상상하는 그 이상일 것입니다. 그만큼 우리가 생태계를 아끼고 보호해야겠다는 생각이 들었습니다.

생태계서비스 이야기를 동화로 만드는 과정을 통하여 우리 동아리 회원 자신도 다시 한 번 생태계서비스를 더 잘 알게 되는 과정이었습니다. 많은 정성의 과정 끝에 '옥토'라는 주인공이 보물(생태계서비스)을 찾아가는 과정 또한 인간 역시 우리 곁에 있는 보물의 존재를 잊지 않고 감사하는 마음을 갖길 바라며 만들었습니다.

코로나19 상황으로 생각보다 자주 모이지 못해서 아쉬웠지만 우리의 정성이 가득한 결과물을 보니 정말 뿌듯하고 기뻤습니다. 우리의 이 결과물을 통해 더 많은 사람들이 생태계서비스를 인식하고 관심을 가지길 희망합니다.

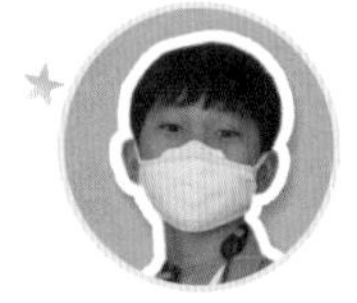

참고문헌

- 국립생태원·ESP, 『초등교원을 위한 생태계서비스 지도서』, 국립생태원·ESP, 2020.
- 오디오북 음악: 유튜브 크리에이티브스튜디오

'초록별 여행자' 팀을 향한 박사님의 총평!

검토자 소속: 국립생태원 생태계서비스팀

검토자 성명: 정필모

생태계서비스에 대한 궁금증을 오디오북과 스톱모션 애니메이션으로 제작한 탐구 내용이 무척 흥미롭습니다. 무엇보다 단순히 애니메이션 제작에서 그치지 않고 이를 통해 생태계서비스에 대한 사람들의 인식 변화에 대해서도 탐구 활동을 진행한 것을 칭찬하고 싶습니다. 사전 설문을 통해 주변 사람들의 인식을 조사하고, 이를 바탕으로 그들의 이해도를 높이기 위한 동화를 제작하였고, 그것을 보고 난 후 설문 대상자들의 인식을 재조사한 것은 상당히 체계적인 연구 방법이라고 할 수 있습니다.

탐구 활동을 통해 팀원들 스스로도 우리 주변의 생태계에 대한 이해도를 높인 것 같고, 도구(애니메이션)를 통해 주변인들에게도 생태계서비스에 대해 알 수 있는 계기를 마련해 주는 활동을 해서 여러분들 스스로 성취감도 얻었을 것 같습니다. 이번 경험을 통해 생태계서비스에 대한 지속적인 관심을 갖게 되는 계기가 되었으면 좋겠습니다.

실내 정원의 필요성 탐구

개성빵빵

…… 팀원 대구중앙초 **임성현**, 대구덕성초 **박준규**, **류현서**, 대구명덕초 **정지원**

… 지도교사 **김승은**

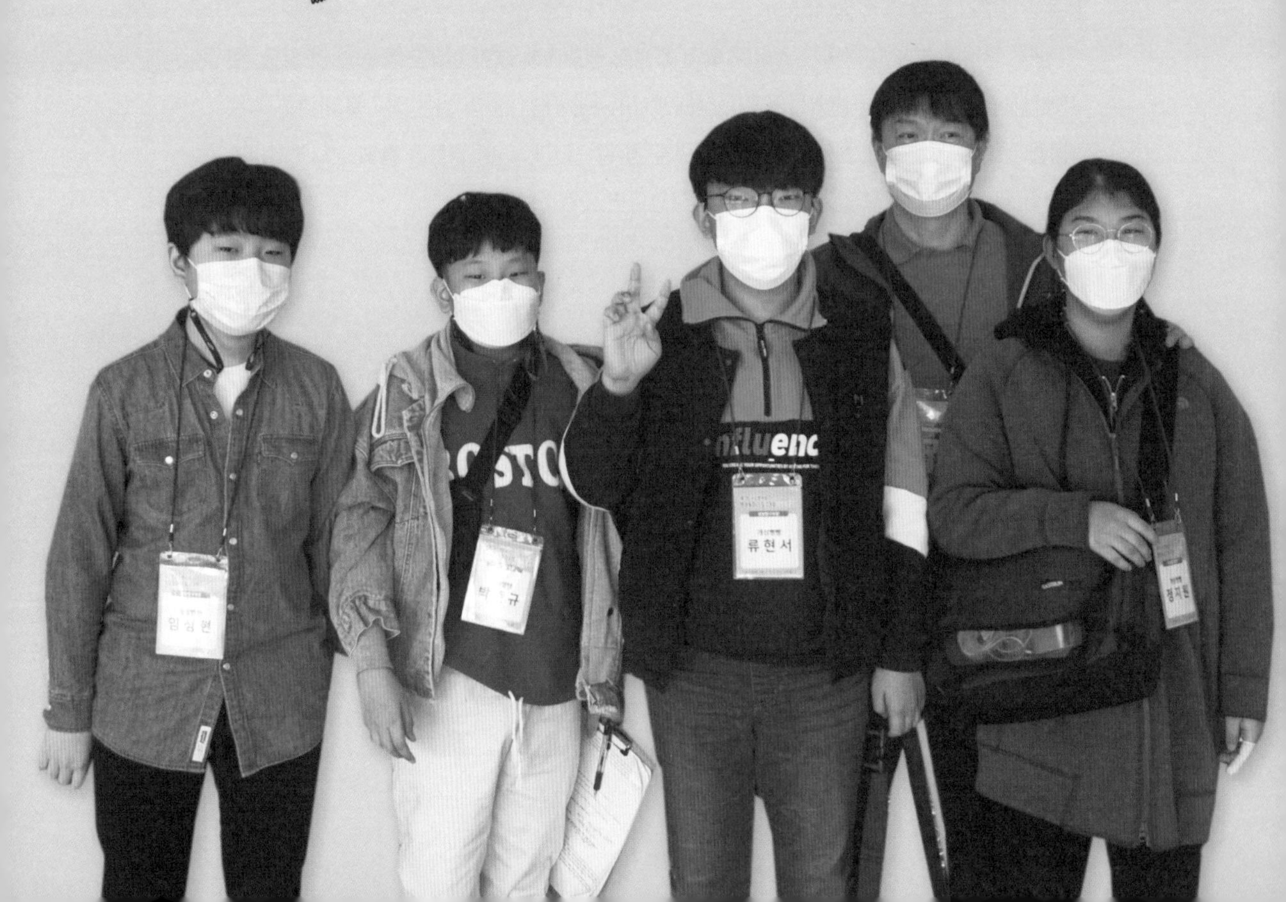

주제 정하기

교실에서 뭐해?
나가서 놀자.
안 돼.
오늘은 미세먼지 농도가
매우 나쁨이란 말이야.
미세먼지가
오늘처럼 나쁜 날은
실내에도 미세먼지가
많을 걸?
그럼 어떡해?
실내, 실외 다
미세먼지가 나쁘면
우린 어디에 있어?
실내에서는
먹고 자고 하는데,
더 위험한 거
아니야?
그러게.
실내 미세먼지를 줄일 수 있는
좋은 방법이 없을까?
실내에도
숲처럼 나무가 많으면
좋을 텐데…….
그래.
실내에 정원을
만들면 되지!
우리가 한번 해 보자!

계획 하기

우리는 지속 가능한 생태계 조절서비스를 확인하고 공기정화식물의 기능이 미세먼지에 어떤 효과가 있는지 확인하고 싶었습니다.

우리는 집 안의 식물이 미세먼지를 얼마나 줄이는지 공기정화식물의 효능을 알아보는 실험을 하기로 했습니다.

융합 활동으로 홍보 동영상을 직접 촬영하기로 했습니다.

공기정화식물의 미세먼지 정화 능력 실험을 바탕으로 시민들에게 생태계서비스를 홍보하기로 했습니다.

멘토 tip!

미세먼지 저감에 영향을 주는 여러 가지 요인 중 하나가 잎의 크기입니다. 과학자들의 경우는 잎 한 장씩의 넓이를 재어, 식물의 흡착 기능을 측정하기도 합니다. 여러분들도 잎의 평균 넓이와 개수 정도를 측정하는 것을 추천합니다.

탐구 과정·결과 정리하기

활동 1 공기정화식물의 효능 탐구하기

1) 어떤 식물이 공기정화에 가장 좋을까?

미세먼지 농도가 나쁜 날이 많아지고, 집 안에 미세먼지를 줄이고자 공기정화식물을 키우는 사람들이 늘고 있습니다. 우리는 공기정화에 어떤 식물이 가장 좋은지 알아보고, 실험3에 사용할 공기정화식물을 정하기 위해서 이번 실험을 하게 되었습니다. 먼저 사람들이 가장 많이 구매하는 공기정화식물을 조사했습니다. 공기정화식물을 전문으로 판매하는 인터넷 상점에서 확인한 바에 의하면 호야와 스파티필룸이 가장 많이 소비되었고, 클루시아와 스킨답서스가 뒤를 이었습니다. 우리는 이 4가지 식물을 구매하여 실험을 진행했습니다.

실험 결과 취합하기

✓ 준비물 : 아두이노 미세먼지 키트, 공기정화식물(호야, 스파티필룸, 클루시아, 스킨답서스), 모기향, 리빙박스, 기록지, 필기도구

✓ 변인통제

- 조건을 같게 해야 할 것

① 향을 피우는 시간은 5분으로 합니다. ⇨ 향을 피우는 시간이 달라질 경우, 주입되는 미세먼지의 양이 달라져 실험의 결과가 바뀔 수 있습니다.

② 리빙박스의 크기를 동일하게 합니다. ⇨ 미세먼지 농도는 같지만 면적에 따라 측정값이 달라질 수 있습니다.

③ 동일한 아두이노 미세먼지 측정기를 사용합니다. ⇨ 동일한 미세먼지 측정기를 사용하여 실험의 결과값이 변하지 않도록 합니다. 실험의 신뢰도와 정확도를 높일 수 있습니다.

- 조건을 다르게 해야 할 것

① 각 상자에 넣을 식물의 종류를 다르게 합니다. ⇨ 이 실험의 목적은 가장 효능이 좋은 식물을 찾는 것이므로 상자에 넣을 공기정화식물이 같으면 실험이 불가능합니다.

✓ 실험 방법

① 리빙박스(약 30cm×38cm×19cm) 안에 모기향을 5분 동안 피우고 미세먼지를 측정한 후에, 각각의 공기정화식물을 두고 미세먼지 농도 변화를 알아봅니다.

② 1시간 간격으로 미세먼지 농도의 변화를 같은 미세먼지 측정기로 3회 측정해 결과값을 얻습니다.

③ 습도, 온도를 포함한 자세한 기록을 정리하여 표에 나타냅니다.

④ 실험 결과를 바탕으로 어느 공기정화식물의 효능이 좋은지를 팀원들과 함께 토의합니다.

이 실험을 통해 4종류의 공기정화식물 중에서 클루시아와 스파티필룸이 공기정화 능력이 크다는 것을 알 수 있었습니다.

- **공기정화식물을 넣기 전 미세먼지 수치**

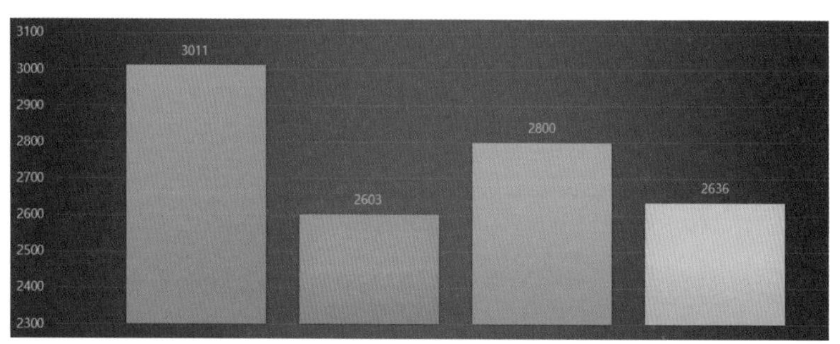

• 공기정화식물을 넣은 후 미세먼지 수치

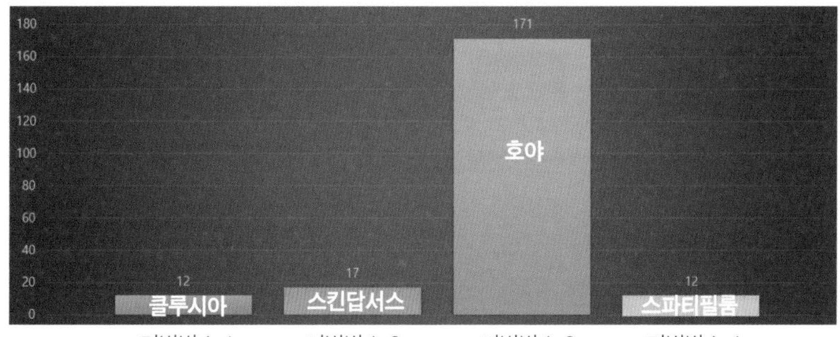

2) 집 안 어느 곳의 미세먼지 수치가 가장 높을까?

집 안에서 미세먼지가 가장 높은 곳을 확인하기 위한 실험을 진행했습니다. 실험 전에 예상하기에는 외부에서 활동한 후 옷, 신발 등을 털며 들어오는 거실의 미세먼지 양이 가장 많을 것이라 생각했습니다.

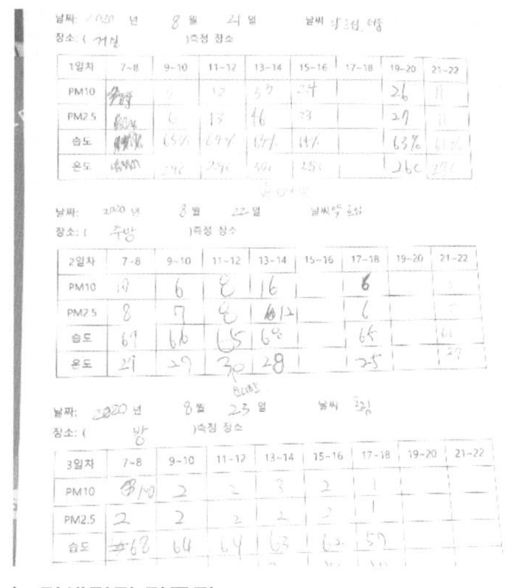

날짜: 2020 년 8 월 21 일 날씨 [illegible]
장소: (거실)측정 장소

1일차	7~8	9~10	11~12	13~14	15~16	17~18	19~20	21~22
PM10	[illegible]	[illegible]	12	[illegible]	24		26	11
PM2.5	[illegible]	6	13	46	23		27	11
습도	[illegible]	65%	64%	[illegible]	[illegible]		63%	[illegible]
온도	[illegible]	[illegible]	[illegible]	[illegible]	[illegible]		26c	[illegible]

날짜: 2020 년 8 월 22 일 날씨 [illegible]
장소: (주방)측정 장소

2일차	7~8	9~10	11~12	13~14	15~16	17~18	19~20	21~22
PM10	10	6	8	16		6		[illegible]
PM2.5	8	7	8	12		6		[illegible]
습도	67	66	65	68		65		[illegible]
온도	21	29	30	28		25		27

날짜: 2020 년 8 월 23 일 날씨 [illegible]
장소: (방)측정 장소

3일차	7~8	9~10	11~12	13~14	15~16	17~18	19~20	21~22
PM10	10	2	2	3	2	1		
PM2.5	2	2	2	2	2	1		
습도	68	64	64	63	62	57		

미세먼지 기록지

✓ 준비물 : 아두이노 미세먼지 키트, 기록지, 연필(필기도구)

✓ 변인통제

- 조건을 같게 해야 할 것

① 측정하는 시간을 동일하게 합니다. ⇨ 시간대가 달라지면 상황에 따라 미세먼지 값이 달라질 수 있습니다.

② 동일한 아두이노 미세먼지 측정기를 사용합니다. ⇨ 동일한 미세먼지 측정기를 사용하여 실험의 결과값이 변하지 않도록 합니다. 실험의 신뢰도와 정확도를 높일 수 있습니다.

- 조건을 다르게 해야 할 것

① 각각 다른 장소를 선정합니다. ⇨ 실험의 목적이 집 안 장소에 따른 미세먼지 농도의 차이를 알아보기 위함이므로 측정 장소를 다르게 해야 합니다.

✓ 연구 방법

① 1주일 동안 거실, 베란다, 방, 화장실, 부엌 등 여러 장소를 아침 7시 ~ 저녁 10시까지 2시간 간격으로(알람을 맞추어 정확하게 한다) 미세먼지 측정기(아두이노 미세먼지 키트)를 이용하여, 미세먼지 농도(PM2.5, PM10)와 온도, 습도, 날씨를 자세하게 기록하고 조사합니다.

② 4명의 실험자들이 같은 시간에 각각의 장소에 동일한 미세먼지 측정기(아두이노 미세먼지 측정기)를 사용함으로써 결과값이 변하는 것을 막고, 주변에 미세먼지의 농도가 변할 수 있는 요인을 모두 조사하여 그것을 제거한 후에 실험을 시작하여 결과가 정확하게 나오도록 합니다.

③ 조사한 미세먼지 기록지를 바탕으로 자료를 정리하고, 그 요인을 찾아 해석한 후에, 다음 실험에 어느 장소에 실내 정원을 꾸미는 것이 효율적일 것인지를 연구하고 토의합니다.

우리의 예상대로 거실, 현관 근처가 가장 오염도가 심하게 나타났습니다. 하지만 조리 후에는 주방과 거실이 미세먼지가 많이 올라갔습니다. 시간별로는 오전 7~8시에 미세먼지 수치가 가장 높았습니다.

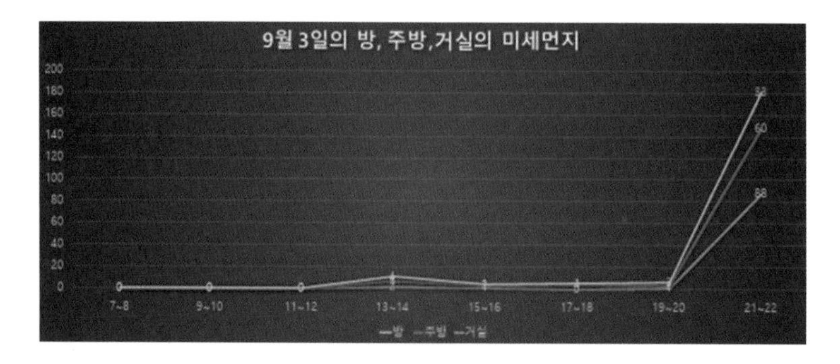

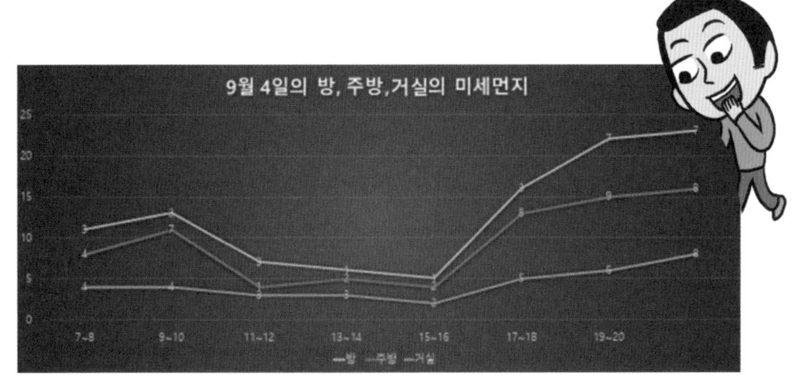

3) 집 안의 실내 정원 효과 탐구

클루시아 - 잎의 수 15개, 14개

앞의 실험 결과를 바탕으로 집 안에 실내 정원을 설치했을 때의 미세먼지 수치를 알아보기로 했습니다. 실험 준비와 방식은 이전의 실험과 동일하게 진행했으며, 미세먼지 수치가 가장 높게 측정된 거실에 공기정화식물을 설치하여 그 변화를 측정해 보기로 했습니다. 공기정화식물은 첫 번째 실험에서 가장 효과가 좋은 것으로 확인된 클루시아와 스파티필룸을 사용했습니다.

스파티필룸 - 잎의 수 14개, 16개

✓ 준비물 : 공기정화식물(클루시아, 스파티필룸), 화분, 자, 기록지, 필기도구, 아두이노 미세먼지 키트

✓ 잎의 크기

- 클루시아1(세로 11cm, 가로 7cm) | 클루시아2(세로 10cm, 가로 7cm)
- 스파티필룸1(세로 26cm, 가로 10cm) | 스파티필룸2(세로 24cm, 가로 10cm)

✓ 화분 높이 :
- 클루시아1(30cm) | 클루시아2(31cm)
- 스파티필룸1(41cm) | 스파티필룸2(42cm)

✓ 잎의 넓이 : 2cm 이하로 모두 맞춤

공기정화식물 설치 전후를 비교했을 때 공기정화식물을 사용한 후의 그래프가 미세먼지의 농도가 대체로 낮게 나왔고 평균값도 약 2배 정도로 낮은 것을 확인할 수 있었습니다.

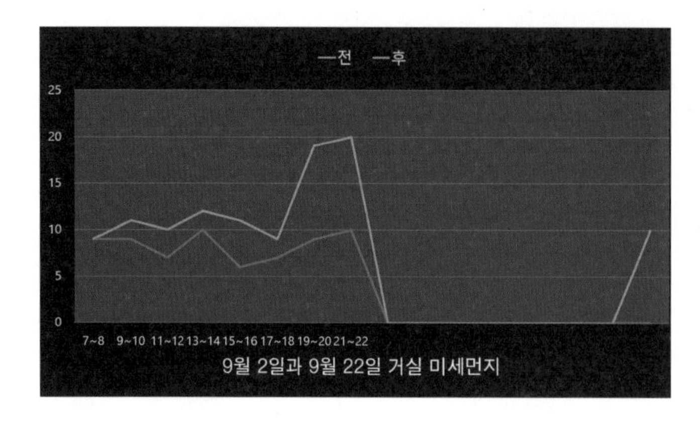

9월 2일과 9월 22일 거실 미세먼지

하루 종일 비가 와서 미세먼지 수치가 설치 이전보다 더 높게 나왔습니다.

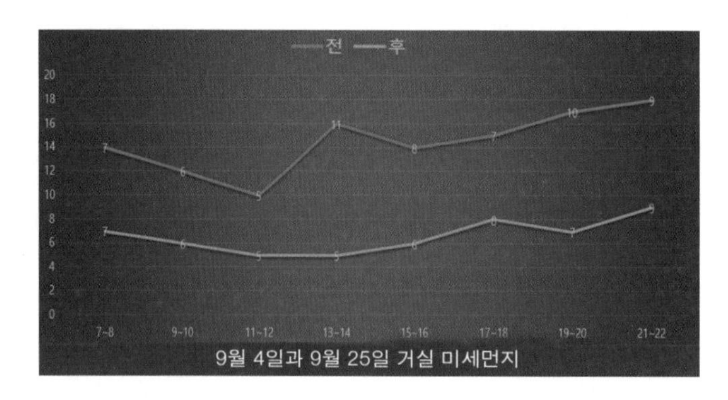

9월 4일과 9월 25일 거실 미세먼지

집에 친척들이 놀러와서 계속 요리를 했고 사람들이 분주하게 다녔습니다.

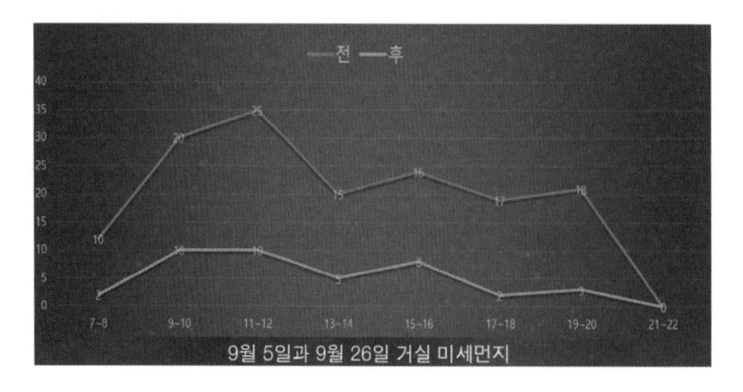

9월 5일과 9월 26일 거실 미세먼지

실험 기간인 일주일 중 4일은 이러한 현상을 보였습니다.

활동 2	홍보 영상 제작 및 홍보하기

우리 지역 사람들에게 우리가 실험한 정보를 알려 주고, 실내 정원의 생태계 서비스 효과에 대하여 홍보하기로 했습니다. 사람들에게 쉽고 재밌게 홍보하기 위해 홍보 자료를 준비하고 영상을 촬영했습니다. 3분짜리 간단한 영상에 우리의 실험 내용과 역할극을 담았습니다. 그리고 주말에 열리는 아나바다 장터에 가서 미세먼지 줄이기에 동참해 달라고 홍보했습니다. 생각보다 많은 사람들이 우리의 이야기에 귀기울여 주었습니다.

우리의 작은 노력이 많은 사람들에게 생태계서비스에 한 걸음 가까워지는 밑거름이 된 것 같아 뜻깊은 활동이었습니다.

실내 정원 홍보 영상 제작

장터에서 홍보 활동하기

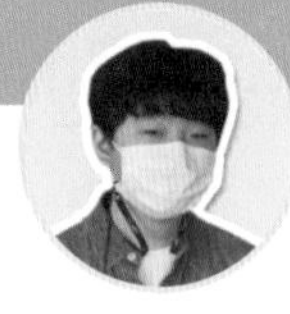

공기정화식물 없이 미세먼지를 측정하는 실험에서는 그냥 실험하는 방법만 적으면 되었지만 공기정화식물을 사용해 미세먼지를 측정하는 실험에서는 잎의 크기, 식물의 크기가 실험 결과에 큰 영향을 미치기에 그것을 조사하고 기록하는 과정이 어려웠습니다. 초등학생인 우리가 알아서 하기에는 부족한 부분이 많았는데, 선생님과 멘토님, 박사님들 모두의 도움과 조언으로 탐구를 마무리할 수 있었습니다. 모두 감사드립니다.

홍보 동영상을 만들 때 처음에 이야기를 구성하는 것에 애를 많이 먹었습니다. 이야기를 만드는 것이 굉장히 낯설고 어색해서 많은 수정을 거친 후에야 대본을 완성할 수 있었습니다. 영상은 3분 정도 밖에 안 되니까 금방 찍을 줄 알았는데, 막상 해 보니 3분 영상을 만드는 데에도 몇십 배의 시간이 필요했습니다. 힘들게 완성했는데 손짓, 움직임이 어색하고 이상한 것이 눈에 보여서 아쉬움이 많이 남습니다.

홍보를 위해 사람들 앞에 처음 나섰을 때는 너무 긴장하고 조금 막막해서 제대로 설명하지 못했습니다. 그러나 첫 번째 휴식 시간에 어떻게 설명할지 조원들과 이야기하고 서로 역할 분담을 하여 설명하니 조금 쉬워졌고 성공적으로 마무리할 수 있었습니다. 많은 사람들이 관심을 갖고 호응해 줘서 정말 기쁘고 잊을 수 없는 추억으로 남았습니다.

참고문헌

- 천안두정고등학교, 『공기정화식물의 미세먼지 흡수능력과 새체전기 간 상관관계 탐구』, STEAM R&E 연구결과보고서, 2017.
- 정윤희(책임연구원), 『생태계서비스와 생태 자본의 시대, 그리고 강원도 전략』, 강원연구원, 2020.

'개성빵빵' 팀을 향한 박사님의 총평!

검토자 소속: 국립생태원 생태계서비스팀

검토자 성명: 권혁수

매년 겨울이나 봄철에 사회적으로 문제가 되고 있는 미세먼지를 주제로 잡은 부분은 매우 시의적절해 보입니다. 미세먼지는 국민 건강에 직접적인 영향을 주는 문제로 국립생태원에서도 다양한 연구를 수행하고 있어서 주제에 대해 매우 반가웠으며, 초등학생들은 이 문제에 대해 어떻게 생각하는지 궁금했습니다. 탐구대회 내내 실험을 하는 과정을 살펴보면서 초등학생들이 할 수 있는 참신한 아이디어에 놀랐으며 이렇게 체계적으로 실험을 하였다는 점에서 또 한 번 놀라게 되었습니다.

현대인들이 도시에 모여 살기 시작하면서부터 야외보다는 실내에서 생활하는 시간이 더 늘어났습니다. 자동차나 공장에서 배출되는 미세먼지나 오염된 공기의 증가뿐 아니라 코로나로 야외 생활이 제한되는 상황에서 이러한 경향은 두드러지게 되었습니다. 이 때문에 실내에서 쾌적한 공기를 마시고 싶어 공기청정기를 설치하는 집들이 늘어가고 있습니다. 그러나 실내 식물들은 비교적 적은 비용으로 실내의 습도도 유지하고, 공기도 정화하며, 사람들의 마음을 안정시켜 주는 다양한 생태계 혜택들을 제공하고 있습니다. 이러한 혜택들에 대하여 직접 실험을 통해 체계적으로 연구했던 과정들이 우리 학생들에게 소중한 경험이 되었기를 바랍니다. 또한 이렇게 알았던 정보와 지식들을 아는 것에 그치지 않고, 설문을 통해 다른 사람의 생각도 알아보고 사람들 앞에서 홍보도 하며 영상까지 제작한 활동들이 여러분에게 좋은 기억으로 남기를 바랍니다.

미래 세대를 위한 'K-생태계' _선조들에게 배우는 생태계서비스 탐구

용감한 11살

…… 팀원 정천초 김종하, 초림초 박서영, 불곡초 이서준, 당정초 한지후

… 지도교사 김다현

주제 정하기

감나무에 감을 다 따고
마지막 하나를 남겨 두는 이유를
알고 있어?
알지.
까치 먹으라고 남겨 두는
까치밥이잖아.
우리 조상들은 자연과 함께
어울려 잘 살았던 것 같아.
맞아. 우리가
미래 환경을 위해
노력해야 할 부분도
바로 그거야!

계획 하기

우리는 '과거와 오늘을 알아야 미래가 보인다'라는 말을 생각하고 주제를 결정했습니다.

미래 생태계 보전을 위해 우리 선조들의 생태계 보전 사상을 알아보는 것은 현재를 사는 우리에게 필요한 일입니다.

우리는 우리나라 고유의 자연관과 특징을 찾아서 분석하기로 했습니다.

그리고 그 속에서 미래 생태계 보전을 위한 대안을 찾고, 캠페인 영상을 찍어서 사람들에게 홍보하기로 했습니다.

캠페인 영상의 내용은 자료 나열에 그치지 않고, 줄거리가 있는 이야기를 만들어서 제작하면 훨씬 재미있을 듯합니다. 다양한 기획으로 재미있는 영상을 만들길 기대합니다.

탐구 과정·결과 정리하기

활동 1 생태계서비스 정보 탐구하기

본격적인 탐구를 하기에 앞서, 초등학생인 우리는 생태계서비스 관련 정보를 공부하기로 했습니다. 생태계서비스와 관련된 책을 같이 읽고, 생태 체험을 하고, 생태계 정보를 전시하고 있는 전시장 관람을 했습니다. 서천송림갯벌체험장에서 갯벌 생물을 관찰하고, 대전에 있는 국립중앙과학관에 가서 '햇볕, 물, 강수, 바람, 지열' 등을 통해 생기는 재생 에너지에 대해 알아보고 체험해 보는 시간을 가졌습니다. 생태계가 우리에게 주는 혜택에 대해서 확인하고 생각해 볼 수 있는 시간이었습니다.

갯벌 생물 탐구

활동 2 선조들의 생태계 보전 사상 탐구하기

옛 선조들의 생태계에 대한 생각을 엿보기 위해 자료 수집을 했습니다. 어떠한 자료를 탐구하는 것이 좋을까 고민한 끝에 전래 동화에서 우리나라의 자연관을 확인해 보는 것이 좋겠다는 결론을 내렸습니다. 전래 동화는 민족이나 집단이 가지는 고유한 관습, 가치관, 정서 등을 담은 문화유산이기 때문입니다. 우리는 다양한 전래 동화를 읽고, 그 안에 담겨 있는 우리나라 고유의 자연관을 정리해 보기로 했습니다.

전래 동화를 통해 우리 선조들은 자연과 사람, 동물과 사람의 관계를 무척 중요시했고, 서로 돕고 어울려 사는 존재로 인식한 것을 알 수 있었습니다. 예를 들어 『개와 고양이의 구슬』, 『젊어지는 샘물』, 『선녀와 나무꾼』, 『흥부와 놀부』, 『은혜 갚은 호랑이』 등의 전래 동화에서는 모두 사람과 동물이 서로를 돕고, 마음을 나누는 것을 볼 수 있었습니다. 이 이야기들을 통해 우리는 옛 선조들이 자연과 동물을 사랑하고, 생명을 존중했다는 것을 알 수 있었습니다.

전래 동화 한 장면 그려 보기

활동 3 | '미래 생태계를 위한 K-생태계' 캠페인 영상 제작하기

캠페인 영상 촬영하기

'K-생태계'의 정신을 많은 사람들에게 알려 'K-생태계' 정신을 회복하자는 메시지를 전하기 위해 캠페인 영상을 제작했습니다. '생각의 변화는 행동의 변화를 만들 것'이라는 믿음으로 새로운 생각을 제시하고 공유하는 것을 캠페인의 목적으로 정했습니다. 어떻게 하면 많은 사람들이 우리의 영상에 관심을 가질까 고민한 끝에 먼저 현재 환경 파괴의 상황을 전달하고, 우리가 누리고 있는 생태계서비스의 혜택을 알린 후, 전래 동화 장면을 활용한 'K-생태계' 내용과 우리 팀의 메시지를 전달하기로 했습니다. 촬영 장소는 전통적인 모습을 담을 수 있는 '용인 한국민속촌'과 현대의 모습을 담을 수 있는 '에버랜드 포레스트 캠프'에서 각각 촬영을 했습니다.

영상을 촬영하면서 지금의 생태계가 더 이상의 위기를 겪지 않고 미래에 보전되기 위해서는 어떠한 생각을 가져야 하는지 고민했습니다. 우리가 잊고 살았던 옛 선조들의 생각에서 미래 생태계 보전을 위한 새로운 생각을 만들어 내는 것이 현재를 사는 우리가 해야 할 일일 것입니다. 우리의 영상을 본 사람들이 자연과 사람이 서로 배려하고 조화를 이루어야 한다는 'K-생태계' 정신을 확인하고 공유하길 희망합니다.

영상 확인하기

느낀 점 나누기

TV 뉴스에서 보도되는 환경 위기의 내용들이 이번 탐구를 통해 더욱 심각하게 다가 왔습니다. 그리고 자연을 보호한다는 것이 몇 사람의 노력만으로는 힘든 것임을 다시 한 번 깨달았습니다. 생태계 보전을 위해서는 우리 팀이 이번 탐구를 통해 확인한 우리 선조들의 생각을 기준 삼아 우리가 하는 모든 행동들을 검토해 보고 질문해 보아야 할 것입니다. 탐구를 통해 찾아낸 우리 선조들의 '생태관'을 대한민국 국민 모두가 '무형문화재'라는 생각을 가지고 다음 세대까지 잘 전해지도록 노력해야 할 것입니다.

탐구하는 4개월 동안 코로나19로 직접 만날 기회는 많지 않았지만 친구들과 함께 했던 생태원 학습 활동, 줌으로 만나서 이야기 나누었던 시간들, 촬영하면서 즐거웠던 에피소드들이 소중하고 아쉽게 느껴집니다. 영상을 찍을 때 부끄럽기도 했지만 친구들이 있어서 그래도 열심히 할 수 있었습니다. 우리가 만든 영상이 'K-생태계'의 메시지를 잘 담아서 생태계를 보존하는 데 조금이나마 도움이 되기를 바랍니다.

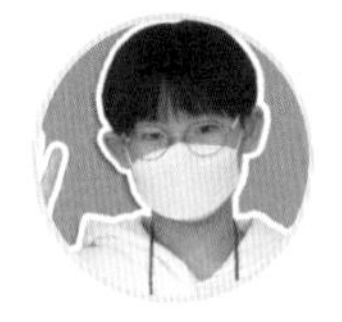

 참고문헌

- 국립생태원, 『환경정책 이행을 위한 생태계서비스』, 국립생태원, 2019.
- 이조은·조희숙, 『한·중 전래 동화 그림책에 나타난 생태적 의미 탐색: 한국의 「견우직녀」와 중국의 「우랑직녀」를 중심으로』, 생태유아교육연구 제16권 제1호, 2017.
- 홍서연·김미희·이상영, 『옛 이야기에 나타난 생태자원 이미지와 환경론』, 한국지역사회생활 과학회 학술대회 자료집, 2014.

'용감한 11살' 팀을 향한 박사님의 총평!

검토자 소속: 국립생태원 생태계서비스팀

검토자 성명: 이경은

탐구 주제가 자연을 가치 있게 누리는 방법을 제안하는 것인데 단순히 방법을 제안한 것이 아니라 사람과 자연에 대한 근본적인 관점부터 접근하였다는 사실에 놀랐습니다.

초등학교 4학년이면 어려울 수 있는 내용임에도 차분하게 잘 분석하였고, 미래 생태계의 보전을 위한 대안을 역사 속에서 찾을 수 있고, 이를 알아보려고 했다는 사실만으로도 굉장히 의미 있다고 생각합니다. 전래 동화까지 많은 문헌을 찾아보고 검토하느라 고생이 많았고, 팀원 모두 많은 공부가 되었을 것이라 생각합니다. 저 또한 전래 동화를 다시 보게 되었답니다.

자연을 사랑하고 사람과 동등한 관계로 생각하며 조화를 이루어야 한다는 선조들의 생각을 잘 도출하였고, 그 정신을 이어받아 생태계를 보전할 수 있도록 노력하길 바랍니다. 여러분이 정리한 K-생태계 정신이 널리 확산되고 기억되었으면 좋겠습니다.

기후변화에 대응하는 녹색생활 실천을 위한 탐구

심사위원상 온마을 쉼표학교

팀원 유천초 이준표, 샘머리초 한승우, 가장초 서지원, 서지연

지도교사 김수연

주제 정하기

현재 생태계에
가장 위협이 되는 게 뭘까?
지구 전체가 영향 받고 있는
기후변화 아닐까?
그래. 기후변화는
생태계 분포와 종 변화,
재배작물의 변화,
질병 발생 증가 등
사회 전 부문에 영향을
미친다고 해.
우리가 기후변화에
관심을 갖고 기후변화
대응에 개인의 녹색생활
(저탄소생활) 실천이
필요하다는 것을 알리자!

계획하기

기후 위기는 우리나라뿐만 아니라 전 세계가 관심을 갖고 해결해야 할 문제입니다.

우리는 기후 위기와 관련된 자료를 조사하고, 기후변화에 대응하는 녹색생활 실천 인식도 조사를 계획했습니다.

기후 위기와 관련된 도서를 함께 읽고, 북트레일러 영상을 제작하기로 했습니다.

그리고 우리가 직접 일상 속 녹색생활을 실천해 보기로 했습니다.

멘토 tip!

북트레일러를 만들기 위해서는 책의 내용이나 감상자의 포인트를 잡는 것이 중요합니다. 마인드맵에서 친구들이 공통적으로 중요하게 생각한 것이 무엇인지, 책을 읽은 후 감상의 포인트가 무엇인지를 찾아서 북트레일러 스토리를 작성해 보길 바랍니다.

탐구 과정·결과

정리하기

활동 1 일상 속 녹색생활 실천 인식도 조사하기

깨끗하고 안전한 환경을 미래 후손에게 물려주기 위해서는 기후변화에 관심을 가지고 녹색생활을 실천해야 합니다. 녹색생활이란 일상생활에서 에너지를 절약하여 온실가스와 오염물질의 발생을 최소화하는 생활을 말합니다.
우리는 사람들이 일상생활 속에서 얼마나 녹색생활을 실천하고, 관심을 갖는지 알기 위해 인식도 조사를 했습니다. 코로나19로 대면 조사를 할 수 없어서 온라인을 통한 비대면 조사를 실시했습니다. 기후변화(온실가스, 기후변화 영향, 탄소세)와 녹색생활(친환경마크, 음식물 분리배출)에 관련된 질문을 작성한 후에 주변 친구들과 가족들에게 온라인으로 내용을 보냈습니다.

기후변화에 대응하는 녹색생활 실천 인식도 조사

국립생태원 생태동아리 탐구대회에 참가하고 있는 "온마을 쉼표학교" 팀입니다. 지구의 기후변화와 관련한 녹색생활 실천 인식도 조사를 하고 있습니다. 아래의 질문에 답해 주시기 바랍니다.

응답기간 : 2020.08.23(일) - 2020.09.18(금)

1. 기후변화의 영향으로 일어나는 현상이 아닌 것은 무엇일까요?
   - 점점 줄어드는 차드호
   - 생물종의 다양성 증가
   - 녹아내리는 북극 빙하
   - 새로운 전염병

2. 소 방귀가 온실가스일까요?
   - 예
   - 아니오

3. IPCC(기후 변화에 관한 정부간 패널)에서 지정한 온실가스 종류는 몇 가지인가요?
   - 5가지
   - 6가지
   - 7가지
   - 8가지

4. 이산화탄소를 배출하는 석유나 석탄 등 각종 화석에너지 사용량에 따라 세금을 부과하는 제도는 무엇일까요?
   - 탄소세
   - 탄소포인트제

5. 다음중 친환경 마크는 무엇일까요?

1

2

3

4

6. 다음 중 음식물 쓰레기인 것은 무엇일까요?
   - 옥수수 껍질
   - 복숭아 씨앗
   - 닭의 뼈
   - 양파 껍질
   - 달걀 껍질
   - 일회용 티백

7. 쓰레기 분리배출을 잘 하고 있나요?
   - 아주 잘하고 있다
   - 그저 그렇다
   - 잘하고 있지 않다

8. 응답자의 연령대를 체크해 주세요.
   - 10대
   - 20대
   - 30대
   - 40대
   - 50대
   - 60대 이상

온라인 설문 내용

온라인 설문 배포

설문에 참여한 인원은 100명이며, 참여 연령대는 10대(56%), 40대(22%), 20대(10%), 30대(6%), 50대(5%), 60대(1%) 순으로 참여도가 높았습니다. 환경부가 인증한 친환경마크를 인지하고 있는 사람은 전체의 96%로 매우 높았으며, '소 방귀가 온실가스이다'라는 정보는 응답자 중 61%가 알고 있었습니다. 녹색생활 실천으로 분리수거는 대부분인 96%가 잘 시행하고 있는 것으로 답변했는데, 다만 음식물 쓰레기를 구분하는 부분에서는 29%만이 정확히 알고 있었습니다. 기후변화의 영향으로 나타나는 현상과 온실가스 종류, 탄소세 관련된 지식은 정답률이 낮게 나타났습니다.

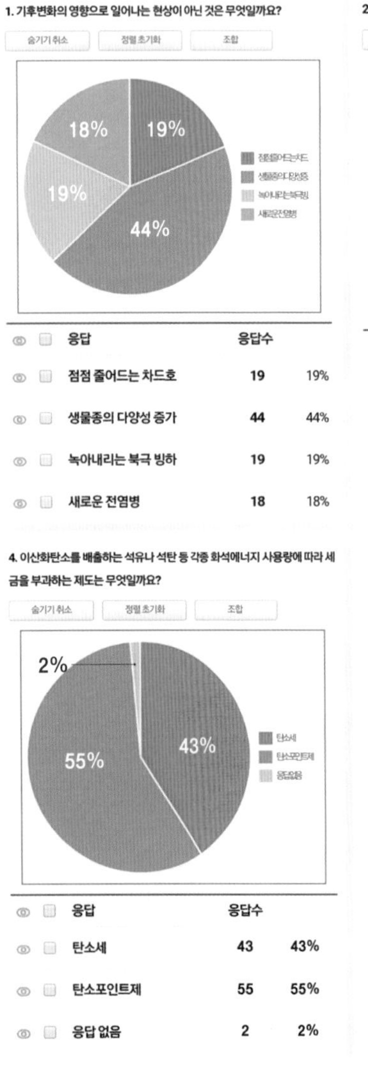

1. 기후변화의 영향으로 일어나는 현상이 아닌 것은 무엇일까요?

응답	응답수	
점점 줄어드는 차드호	19	19%
생물종의 다양성 증가	44	44%
녹아내리는 북극 빙하	19	19%
새로운 전염병	18	18%

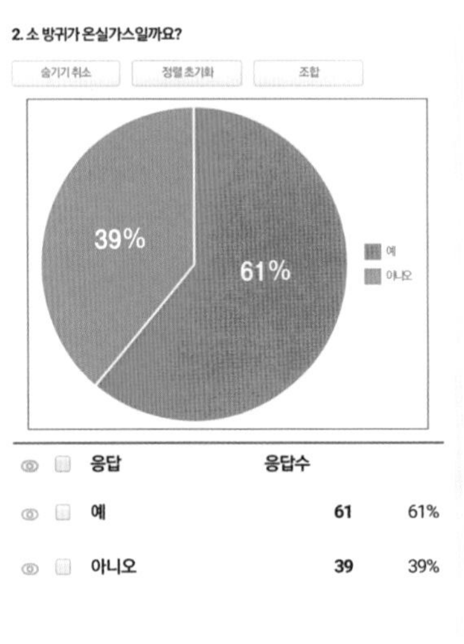

2. 소 방귀가 온실가스일까요?

응답	응답수	
예	61	61%
아니오	39	39%

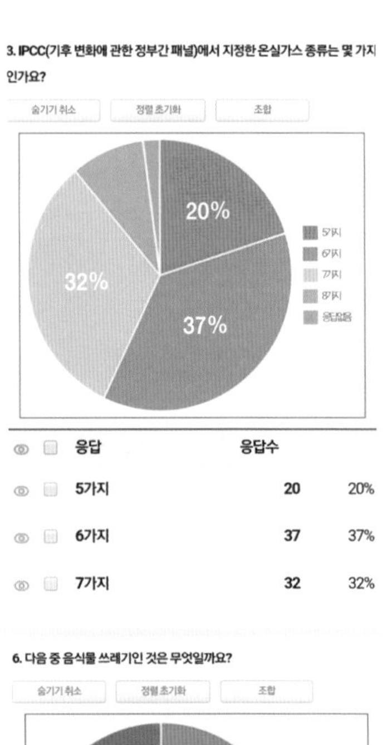

3. IPCC(기후 변화에 관한 정부간 패널)에서 지정한 온실가스 종류는 몇 가지인가요?

응답	응답수	
5가지	20	20%
6가지	37	37%
7가지	32	32%

4. 이산화탄소를 배출하는 석유나 석탄 등 각종 화석에너지 사용량에 따라 세금을 부과하는 제도는 무엇일까요?

응답	응답수	
탄소세	43	43%
탄소포인트제	55	55%
응답 없음	2	2%

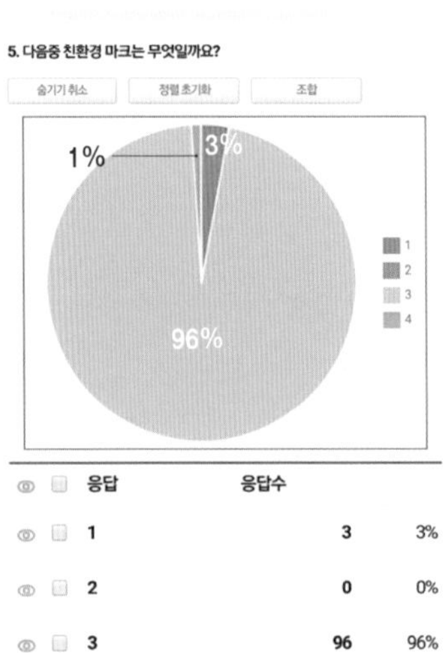

5. 다음중 친환경 마크는 무엇일까요?

응답	응답수	
1	3	3%
2	0	0%
3	96	96%
4	1	1%

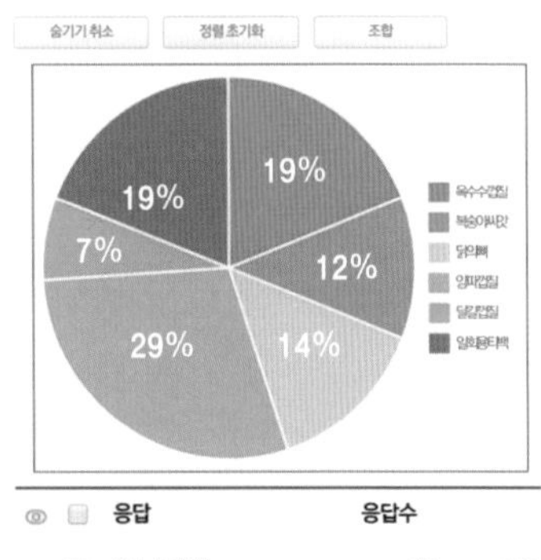

6. 다음 중 음식물 쓰레기인 것은 무엇일까요?

응답	응답수	
옥수수 껍질	19	19%
복숭아 씨앗	12	12%
닭의 뼈	14	14%
양파 껍질	29	29%
달걀 껍질	7	7%
일회용 티백	19	19%

✤ 온라인 답변 결과

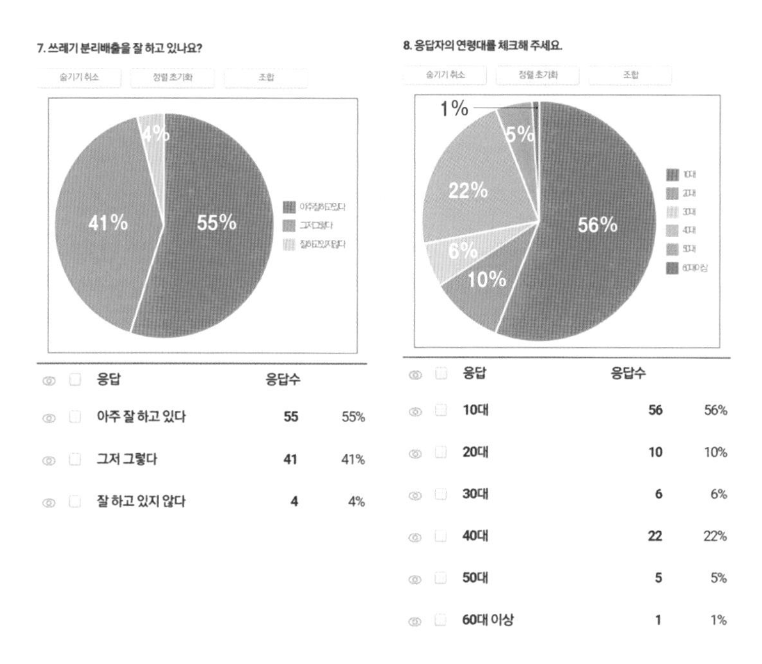

7. 쓰레기 분리배출을 잘 하고 있나요?

응답	응답수	
아주 잘 하고 있다	55	55%
그저 그렇다	41	41%
잘 하고 있지 않다	4	4%

8. 응답자의 연령대를 체크해 주세요.

응답	응답수	
10대	56	56%
20대	10	10%
30대	6	6%
40대	22	22%
50대	5	5%
60대 이상	1	1%

활동 2 북트레일러 영상 제작하기

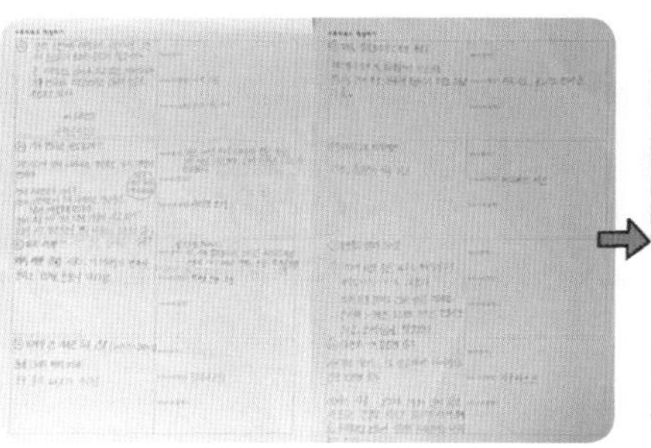

〈스토리보드 작성하기〉

〈영상 촬영하기〉

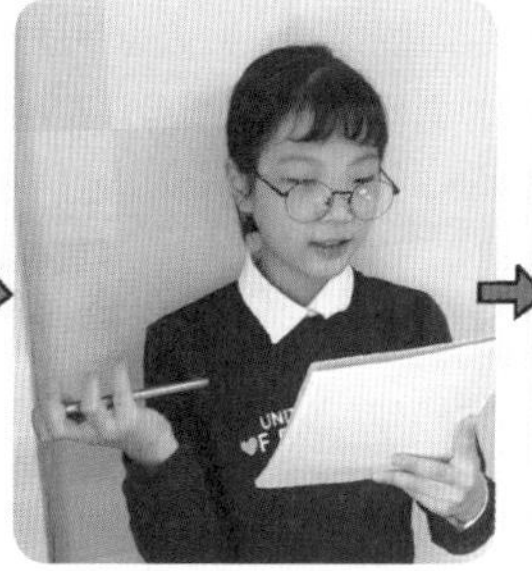

〈캠페인 노래 녹음하기〉

〈영상 편집하기〉

북트레일러는 책 내용을 소개하는 정보를 넘어 하나의 작품으로 인정받고 있는 출판 마케팅의 최신 트렌드로 자신이 읽은 책의 내용을 보다 깊게 이해하고, 자신만의 언어로 새로운 창작물을 만들어 내는 과정입니다. 우리는 기후위기와 관련된 도서를 읽고 스토리보드를 만들었습니다. 책 내용과 우리의 메시지를 담고, 재밌는 영상과 캠페인 노래가 들어가는 북트레일러를 제작했습니다.

시나리오 줄거리

도입

승우와 지원이는 어릴 적부터 친한 친구이다. 친환경 가족(승우네)과 비친환경 가족(지원이네)의 일상 속 생활을 보여 준다. 어느 날 승우(친환경가족)가 다른 친구 준표를 만나게 되어 승우가 활동하고 있는 생태동아리에서 제작한 북트레일러 동영상을 보여 준다.

전개

기후변화 관련 책에서 이야기하고 있는 기후변화와 그로 인해 발생하는 일, 최근 전 세계에서 일어나는 극단적 기후 현상에 대한 자료 및 사진을 보여 준다. 또한 기후변화의 가장 큰 원인인 지구 온난화를 막기 위해 국가적 노력과 개인적 노력이 필요함을 강조한다. 국가적 노력으로 국제사회가 기후협약을 맺고 지구 평균 온도의 상승을 막기 위해 탄소 배출량을 줄이는 노력을 하고 있는 부분과 개인의 노력으로 녹색생활과 저탄소 생활 실천 활동의 필요성을 알린다.

마무리

• 녹색생활 실천 캠페인 송

녹색실천캠페인 차차 on on / 쌍~인 이메일 삭제를 해요 / 에너지 아껴요 랄라 차차 / 복합재질~ 장난감은 / 플라스틱 아닌 일반 후~ / 엄마엄마, 그린카드 / 예~ 사용해요. 에코머니 듬뿍 / 아빠 아빠, 분리배출 /예~ 실천해요. 용기는 깨끗 / 오~ 라벨과 병뚜껑 분리해줘요. 헤이~ / 압축한 상태 분리배출해. 헤이~ / 할머니도 예~ / 할아버지도 예~ / 모두모두 실천해 / 지구적 생각, 지역적 행동 / 다같이 실천해 녹색생활 / 저탄소 생활, 실천 필수 / 다같이 실천해 녹색생활 / 초록초록 친환경을 / 예~ 함께해요. 온마을 차차

북트레일러 동영상은 보통 3분 정도 소요되는데 우리가 작성한 스토리보드를 바탕으로 동영상을 제작하다 보니 예상보다 길어질 것 같아서 '지구온난화' 내용을 간결하게 줄였습니다. 저탄소 녹색생활 실천 행동 부분은 책 내용에 포함된 부분이 아니기에 캠페인 송으로 만들어 에피소드처럼 담았습니다. '바나나 차차' 곡을 개사했으며, '이메일 삭제'와 '복합 재질 장난감은 일반 쓰레기' 부분은 박사님의 피드백을 보고 추가했습니다. 영상을

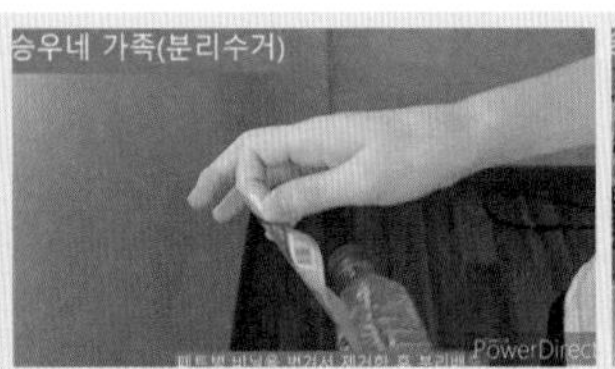

캠페인 영상 일부

촬영하고 편집하는 일이 생각보다 어려워 고생했지만 결과물을 보니 우리의 생각과 노력이 많은 사람들한테 잘 전달될 수 있겠다는 생각이 들어 뿌듯했습니다.

활동 3 일상 속 녹색생활 실천 탐구하기

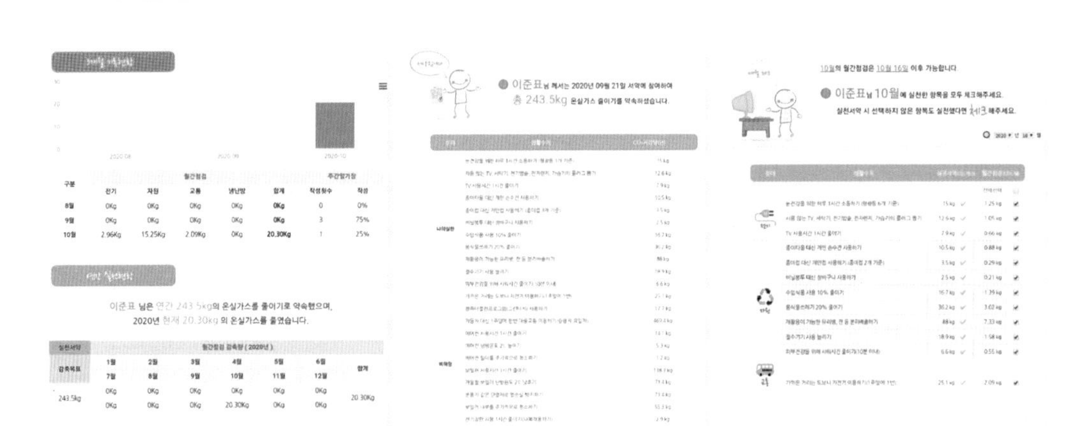

탄소발자국 기록장 탐구

개인의 탄소 배출량을 줄이기 위한 노력에 어떤 것이 있는지 조사하다 알게 된 '한국기후·환경네트워크'에 가입한 후 탄소발자국을 기록하여 저탄소 녹색생활에 동참하는 것이 있었습니다. 먼저 탄소포인트제 홈페이지(www.cpoint.co.kr)에 가입한 후, '온실가스 1인 1톤 줄이기' 탄소발자국 기록장(www.kcen.kr)을 작성해 보았습니다.

한 달 동안 탄소발자국 기록장을 작성한 결과, 기록장을 쓰기 전보다 1인당 20.3kg의 생활 속 탄소를 줄일 수 있었습니다. 실천서약 내용을 한 달 동안 잘 지켰는지 확인하면서 저탄소 생활을 실천하고 있는지 스스로를 점검할 수 있었습니다. 한 사람보다 더 많은 사람이 참여할 때 그 효과는 극대화되므로 많은 사람이 저탄소 녹색생활에 동참할 수 있도록 보다 적극적인 홍보가 필요하다고 생각합니다.

느낀 점 나누기

북트레일러 독서 활동은 단순히 영상을 제작하는 활동이 아니여서 책을 읽고, 친구들과 내용을 충분히 이야기하면서 영상으로 표현될 스토리를 재구성하고, 구성한 내용을 스토리보드로 작성하면서 구체적으로 표현하는 복합적인 독서 활동이 필요했습니다. 도서 내용을 분석하는 과정은 다소 어려웠지만, 한 달 동안 스토리보드를 바탕으로 동영상에 들어가는 재료(사진, 음악)를 찾고 편집하는 것에 집중했습니다. 캠페인 송을 개사하고 직접 불러 녹음하는 작업을 할 때는 녹색생활을 꼭 실천해야겠다고 다짐하고 무척 즐거웠습니다. 초보들의 첫 작품이라 다소 미흡한 면도 있지만 이를 계기로 더 나은 '북트레일러'를 제작할 수 있는 밑거름이 될 것입니다.

온라인을 이용한 녹색생활 관련 인식도 조사를 수행하는 것은 매우 흥미로웠습니다. 설문 조사를 통해 우리가 거주하고 있는 지역의 쓰레기 분리배출과 음식물 쓰레기 처리비용 등에 관련된 자료를 조사해 보면서 우리의 일상생활이 지구 환경에 밀접하게 연관되어 있다는 것을 인식할 수 있었습니다. 우리의 탐구를 본 많은 사람들이 지구 생태계를 지키기 위해 할 수 있는 작은 실천들을 함께 공유하고 행동으로 옮길 수 있기를 바랍니다.

 참고문헌

- 안동희, 『도대체 날씨가 왜 이래?』, 아름주니어, 2018.
- 한봉지, 『한봉지 작가가 들려주는 소방귀의 비밀』, 리잼, 2012.
- 최용훈, 『독서활동을 위한 북트레일러 활용서』, 학교도서관저널, 2019.
- 환경부, 『한국 기후변화 평가보고서 2020』, 환경부, 2020.
- 환경부, 『2050 장기 저탄소 발전전략』, 환경부, 2020.

 참고 사이트

- 친환경&저탄소 생활(https://m.blog.naver.com/thegreencard/222076914193)
- 기후변화의 범인 - 온실가스 그는 누구인가?(https://gscaltexmediahub.com/energy/about-greenhouse-gas/)
- 기후변화가 당신의 삶에 미치는 영향(https://gscaltexmediahub.com/energy/impact-of-climate-change-on-life/)

'온마을 쉼표학교' 팀을 향한 박사님의 총평!

검토자 소속: 국립생태원 생태계서비스팀

검토자 성명: 이경은

기후변화의 심각성을 인지하고 이를 알리고자 노력하려는 학생들의 자세에 감동을 받았고, 우리나라에도 스웨덴의 청소년 환경운동가인 그레타 툰베리같은 친구들이 많다는 사실에 매우 뿌듯했습니다.

이제는 각종 매체에서 기후변화라는 단어가 끊임없이 나와 익숙해졌지만 현재 얼마나 심각한 수준인지, 이를 위해 어떤 노력을 해야 하는지 인지하고 실천하는 사람들은 아직 흔치 않습니다. 이러한 내용을 알기 쉽게 설명하고, 일상 속에서 녹색생활을 실천하고 노력하자는 내용의 동영상을 만들 생각을 하다니 매우 대견하고, 또 어려운 문헌들을 찾아 읽고 해석하려는 노력이 대단하게 느껴졌습니다.

특히 직접 탄소발자국을 기록해 보면서 실제 우리가 얼마나 많은 탄소를 배출하고 있고, 이를 줄이기 위해서는 함께 노력해야 한다는 사실을 알게 되었으리라 생각합니다. 이번 탐구 활동으로 접하게 된 온실가스 줄이기 활동을 꾸준히 하고 주변 친구들에게도 홍보를 해 주는 등 앞으로도 지구에게 지속적인 관심을 가져 주었으면 좋겠습니다.

2020 미션_ 군산 은파호수공원에 숨겨진 보물을 찾아라

장려상 어린이 생태탐험대

팀원 군산부설초 김보미, 군산미장초 김서현, 정다율

지도교사 최은진

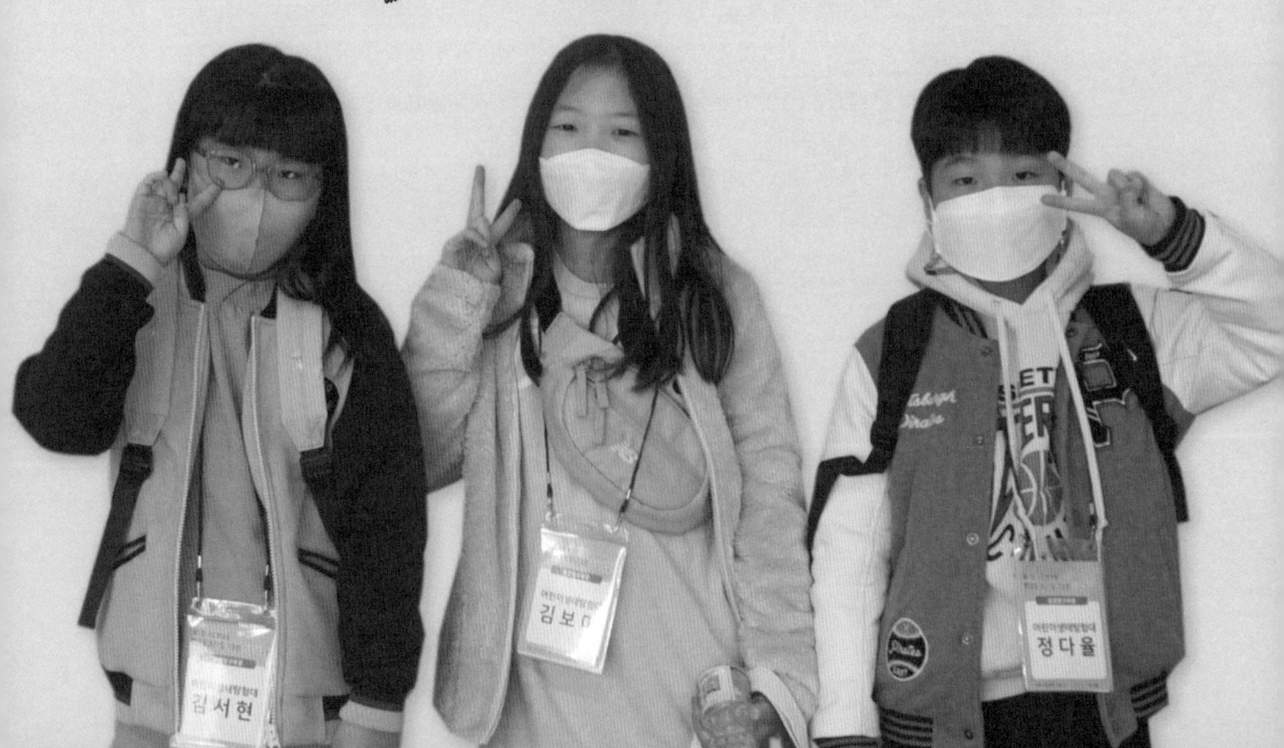

주제 정하기

은파호수공원이
옛날에는 농수를 공급하는
저수지였대.
그래?
지금은 유원지, 산책로인데.
완전히 바뀐 거구나.
그럼 과거와 현재의
생태계서비스도
바뀌었겠네?
우리가 한번
알아보는 게 어때?

계획하기

은파호수공원의 진짜 보물을 찾아라!

우리 지역에 있는 은파호수공원은 군산 시민들의 문화 휴식 공간입니다. 많은 사람들이 은파호수공원을 찾지만 생태 자산으로서의 가치를 아는 사람들은 그리 많지 않습니다.

우리는 과거 저수지로 사용되었던 은파호수공원의 과거와 현재의 생태계서비스가 어떤 차이를 보이는지 궁금했습니다.

우리는 은파호수공원이 우리에게 주는 다양한 혜택에 대해 알아보기로 했습니다.

그리고 입체 지도를 만들어 군산 시민과 관광객들에게 은파호수공원의 가치를 홍보하고자 합니다.

멘토 tip!

은파호수공원은 많은 종류의 수생식물과 육상식물들이 있으며 이를 토대로 다양한 생명들이 살아가고 있습니다. 그렇기에 관광뿐 아니라 생태자산으로의 가치도 충분히 있다고 생각합니다. 은파호수공원의 생태계서비스 가치를 잘 찾아 주길 바랍니다.

탐구 과정·결과

정리하기

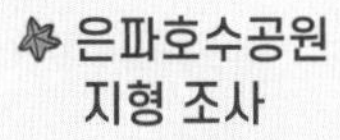

은파호수공원 지형 조사

활동 1 군산 은파호수공원의 지형과 생태 자원 탐구하기

우리가 조사할 군산 은파호수공원의 지형을 알아보고자 인터넷 지도를 검색했습니다. 다음 활동인 입체 지도를 만들기 위한 사전 조사이기도 했습니다. 호수를 둘러싸고 조성된 산책로와 호수 한가운데를 가로지르는 물빛다리가 은파호수공원의 큰 특징이었습니다.

은파호수공원의 생태 자원을 탐구하기 위해 은파호수공원 산책길을 돌아보며 생태 자원을 조사했습니다. 조사 방법은 생태 자원을 발견하면 핸드폰을 이용하여 사진을 찍고, 그 위치를 기록하기 위해 온라인 지도에 현재 위치를 저장하는 방식으로 탐구했습니다. 그리고 발견한 생태 자원이 생태계서비스 중 어디에 속하는지 조사했습니다.

은파호수공원 생태 조사

탐구 결과

군산 은파호수공원은 과거에는 농작물 경작에 필요한 물의 공급 기능(공급서비스), 생태계 오염물질의 제거나 여과 기능(조절서비스), 영양 순환이나 토양의 형성 기능(지지서비스)이 주를 이루었지만, 현재는 조절 및 지지서비스는 물론, 호수라는 생태 자원을 이용한 휴식, 산책, 즐길 거리를 제공하는 문화서비스 기능을 하는 공간들이 점점 늘어나고 있는 것을 확인할 수 있었습니다. 문화서비스 기능이 늘어난다는 것은 다양한 생물의 서식지 제공 기능이 줄어들 수 있다는 의미로 해석할 수도 있을 것입니다.

은파호수공원 내의 생태 자원 조사 결과

생태 자원		설명	생태계서비스
호수	물빛다리 및 광장	휴식 및 문화 공간 제공	문화서비스
	오리보트	즐길 거리 제공	문화서비스
	나무 데크 및 의자	휴식 및 산책 공간 제공	문화서비스
감나무		농산물 제공, 이산화탄소 소모	공급서비스, 조절서비스
밤나무		농산물 제공, 이산화탄소 소모	공급서비스, 조절서비스
흰뺨검둥오리 서식지		생물의 서식지 제공	지지서비스
청설모 서식지		생물의 서식지 제공	지지서비스
독미나리 서식지		생물의 서식지 제공	지지서비스
메타세콰이어 산책길		산책 공간, 이산화탄소 소모, 생물의 서식지 제공	문화서비스, 조절서비스, 지지서비스
소나무 산책길			
대나무 산책길			

은파호수공원 전경

은파호수공원의 흰뺨검둥오리

활동 2	군산 은파호수공원 입체 지도 만들기

은파호수공원 입체 지도 만들기

조사한 은파호수공원 지형을 토대로 입체 지도를 만들었습니다. 지점토를 재료로 입체적인 모양을 만들었으며, 현실감 있게 보이기 위해 수채화 물감을 이용해 채색을 했습니다.

제작한 입체 지도는 군산 시민들과 관람객들에게 우리 지역 관광지를 홍보하고, 은파호수공원의 생태 자원을 알리는 데 사용할 것입니다. 어린이 생태탐험대 대원들은 앞으로 군산 은파호수공원의 지킴이로서 은파호수공원의 생태 자원들을 보호하기 위한 방법을 고민하고 다음을 실천해 나갈 계획입니다.

완성한 입체 지도

첫째, 은파호수공원에 쓰레기 버리지 않고 줍기
둘째, 동물들의 먹이인 도토리, 밤 등을 주워 오지 않기
셋째, 조용하게 산책하며 즐기기
넷째. SNS 홍보물 제작과 홍보 활동 실행하기

느낀 점 나누기

생태계서비스는 자연이 우리에게 주는 혜택을 말한다는 것을 평소에는 전혀 몰랐습니다. 우리가 살아가고 있는 우리 공간, 그 안의 모든 자연 요소들이 나에게 그리고, 우리에게 직접적으로 혜택을 주고 있었다는 것이 놀랍고 신기했습니다.

코로나19의 확산과 사회적 거리두기로 인해 팀원들을 자주 만나지 못하는 어려움으로 적극적인 홍보 활동을 하지 못한 것이 너무 아쉽습니다. 코로나19가 해결되고 기회가 된다면 친구들과 함께 더욱 활발히 홍보 활동을 하고 싶은 마음입니다.

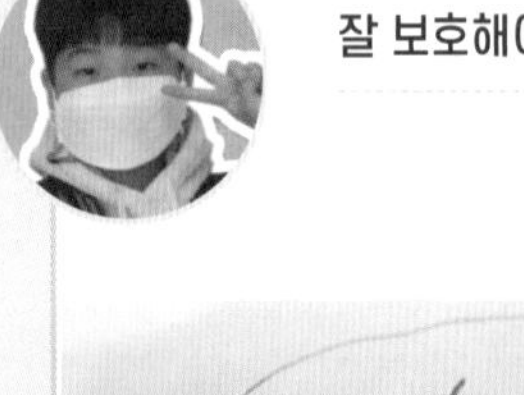

짧은 활동이었지만 자연환경에 고마움을 느끼게 되었고, 자연환경을 더욱더 잘 보호해야겠다고 다짐했습니다.

나는 생태계가 우리에게 많은 것을 주어서 우리들도 생태계를 아껴야 겠다고 생각했다.

참고문헌

- 국립생태원·ESP,『초등교원을 위한 생태계서비스 지도서』, 국립생태원·ESP, 2020.
- 군산시청 홈페이지(www.gunsan.go.kr)

'어린이 생태탐험대' 팀을 향한 박사님의 총평!

검토자 소속: 국립생태원 생태계서비스팀

검토자 성명: 권용성

어린이 생태탐험대 여러분, 짧은 시간 동안 고생 많았습니다. 여러분들이 진행한 탐구의 내용은 연구적으로도 가치가 있습니다. 생태계서비스 및 은파호수공원에 대한 사전 조사를 실시하고 실제 현지 조사를 계획하고, 생태 자원 및 지형을 사진과 지도를 이용하여 기록하는 모든 과정은 실제 연구에서도 사용되는 방법입니다. 또한 입체 지도의 경우에는 은파호수공원의 전경이 아주 잘 표현되어 있어 훌륭합니다.

과거와 현재의 기능 및 생태계서비스 개념을 이용한 변화 분석은 아주 훌륭했습니다. 또한 생태자원별 생태계서비스 기능을 설명한 부분은 굉장히 전문적인 분석 결과로 볼 수 있습니다. 이번 탐구대회를 통해 여러분들도 자연의 생태계서비스 기능에 대해 고민하고 배울 수 있는 시간이 되었을 것이라 생각합니다. 탐구를 마치며 한 다짐처럼 향후 홍보 활동도 꾸준히 하고, 지속적으로 생태계에 관심을 갖는 은파호수공원 지킴이로 거듭나 주길 응원하겠습니다.

RE

장려상 늘품

팀원 한빛고 김애리, 정다인, 오중원

지도교사 이덕순

주제 정하기

아, 귀찮아.
그냥 봉지에 한꺼번에 넣어서 버리자.
안 돼.
쓰레기 분리배출이
환경에 얼마나 중요한지
알잖아.
Chicken
COLA
알지, 알아.
그런데 비닐, 플라스틱, 일반 쓰레기를
다 일일이 분리해서 버리는 게
너무 복잡해서 제대로 못하겠어.
맞아. 아마 쓰레기 분리배출이
귀찮기도 하지만 몰라서 안 하는
사람들도 많을걸?
그럼 우리가
분리배출에 대해서
탐구해 보는 게 어때?
Chicken
Chicken
COLA

계획하기

분리배출과 업사이클링에 대한 메시지!

최근 코로나19로 인하여 배달 음식을 이용하는 사람들이 증가하여 일회용품과 같은 쓰레기 처리가 문제되고 있습니다.

복잡하고 번거로운 쓰레기 분리배출은 환경을 위해 책임감을 갖고 실천해야 할 의무입니다.

우리는 분리배출과 업사이클링에 대한 메시지를 제공하는 환경교육용 게임을 만들어서 사람들이 손쉽게 실천할 수 있도록 도울 계획입니다.

우리의 탐구는 지속 가능한 환경을 유지하고 다양한 생태계서비스 혜택을 계속해서 누릴 수 있도록 하는 데 이바지할 것입니다.

멘토 tip!

게임을 통해 분리배출 방법을 배우는 것은 많은 사람들이 모르고 있는 사실에 대해 깨달음을 줄 수 있을 것이며, 업사이클링을 모르는 사람도 많기 때문에 확실한 지식의 전달이 가능할 것입니다.

활동 1 **환경과 분리배출에 대한 인식 탐구하기**

우리는 환경을 위한 쓰레기 분리배출과 업사이클링에 대한 게임을 제작하기로 했습니다. 그런데 우리조차도 업사이클링이 버려진 자원을 모아 재활용하는 것임을 최근에야 알았기 때문에 다른 사람들은 환경과 분리배출에 대해 제대로 알고 있는지에 대한 의문이 들었습니다. 따라서 환경과 분리배출에 대한 인식을 알아보기 위해 설문 조사를 했습니다. 설문은 우리 학교 학생 60명을 대상으로 했고, 다음의 7문항을 물었습니다.

1. 현재 나는 학교에서 분리배출을 잘 하고 있는가?
2. 나의 분리배출 실천 상태는 어떠한가?
3. 분리배출 대신에, 만약에 일반 쓰레기로 버린다면 그 이유는 무엇인가?
4. 분리배출이 잘 안 되어 일반 쓰레기로 된다면 어떤 결과를 예상하나?
5. 분리배출이 잘 된다면 어떤 결과가 예상되나?
6. 업사이클링에 대한 나의 인지도는 어떠한가?
7. 자연이 우리에게 주는 다양한 혜택(생태계서비스)을 유지하고, 문화예술, 사회, 과학, 경제 등 다양한 분야에서 자연을 가치 있게 누리기 위해 우리가 해야 할 것을 제안해 주세요.

환경과 분리배출에 대한 설문 결과는 다음과 같았습니다. 응답자 중 많은 학우들이 분리배출을 잘하고 있다(85.1%)고 하였으나, 환경에 대한 이해도는 약간 부족한 것으로 보였습니다. 2/3

정도의 응답자는 업사이클링에 대한 인지도가 낮은 편이었습니다. 따라서 지속 가능한 환경을 유지하기 위해서는 환경교육이 필수임을 깨닫게 되었습니다.

Q1. 현재 나는 학교에서 분리배출을 하고 있는가?

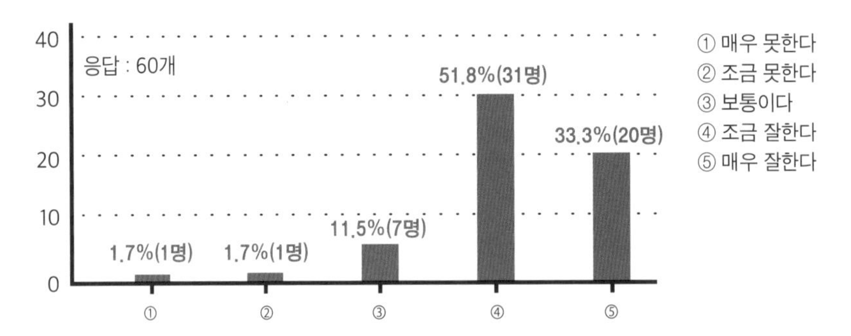

Q2. 나의 분리배출 실천 상태는 어떠한가?

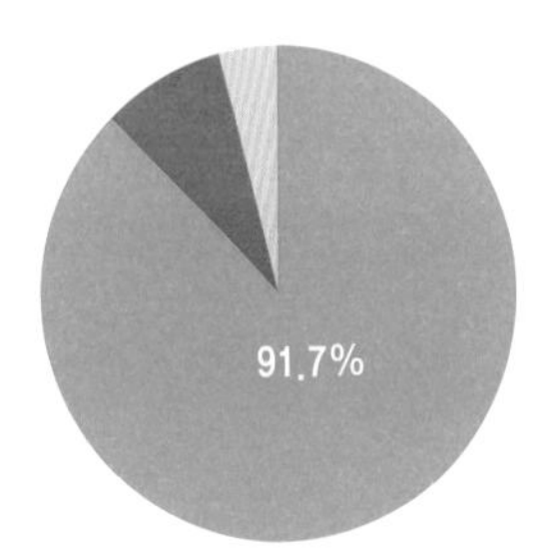

응답 : 60개

- 분리배출 종류(페트/플라스틱/비닐/캔/종이팩/종이/유리)대로 나누어 버린다
- 한 제품에서 나오는 여러가지 쓰레기를 한 종류로 취급해서 버린다
- 웬만하면 일반 쓰레기로 버린다

Q3. 분리배출 대신에 만약에 일반 쓰레기로 버린다면 그 이유는 무엇인가?

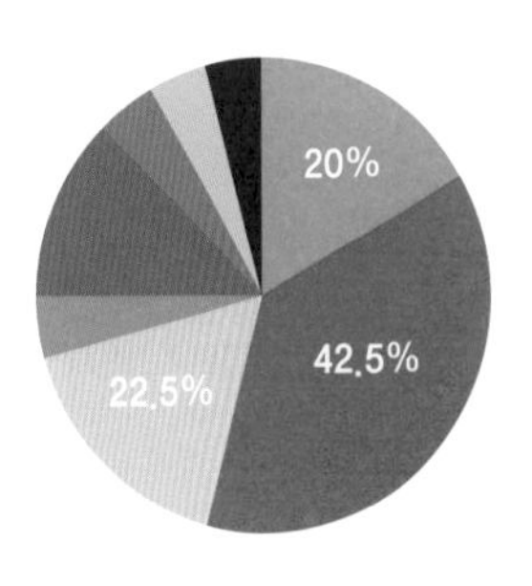

응답 : 60개

- 분리배출하는 방법을 잘 몰라서
- 분리배출 방법은 알고 있으나 귀찮으므로
- 제대로 분리배출을 하고 있는지 잘 모르겠다
- 누군가 나 대신 해주겠지 싶어서
- 씻는 게 귀찮아서
- 다 섞어서 가져가서
- 완벽하게 분리배출함
- 오염돼서
- 분리수거 할 통이 없어서

Q4. 분리배출이 잘 안되어 일반 쓰레기로 된다면 어떤 결과를 예상하나요?

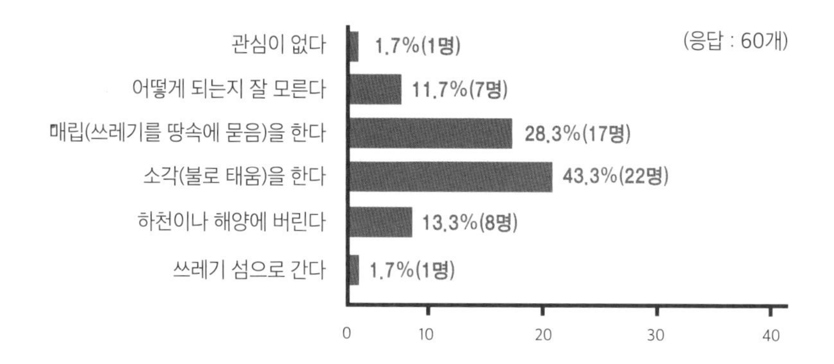

Q5. 분리배출이 잘 된다면 어떤 결과가 예상되나요?

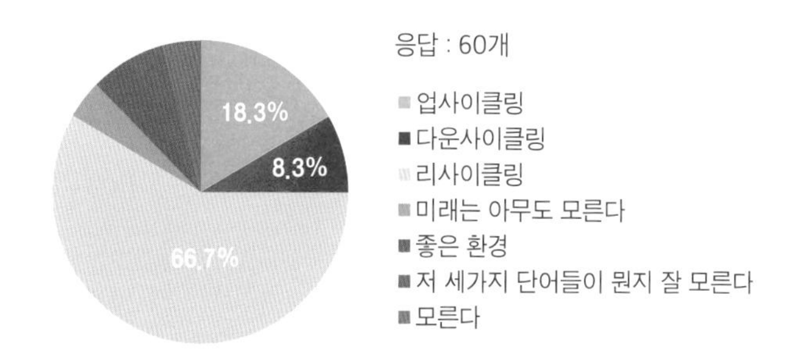

Q6. 업사이클링에 대한 나의 인지도는 어떠한가요?

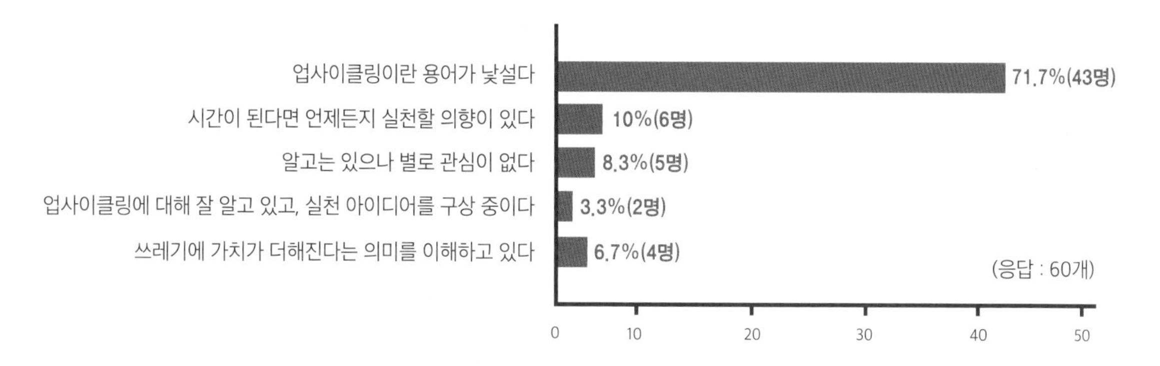

Q7. 자연이 우리에게 주는 다양한 혜택(생태계서비스)을 유지하고, 문화예술, 사회, 과학, 경제 등 다양한 분야에서 자연을 가치 있게 누리기 위해 우리가 해야 할 것을 제안해 주세요.

답변 ① 분리배출 실천하기
② 친환경적인 제품 사용하기_예) 쌀로 만든 빨대
③ 일회용품 사용 줄이기
④ 업사이클링 체험_예) 플라스틱 참새 방앗간 캠페인
⑤ 환경교육

활동 2 환경과 분리배출에 대한 교육용 게임 제작하기

사람들에게 버려진 자원을 모아 재활용(업사이클링)하여 실생활에 필요한 물품(가방, 의류 등)을 만들 수 있다는 것을 알리기로 했습니다. 게임을 통해 쉽고 재밌게 사람들에게 정보를 전달할 수 있는 교육용 게임을 구상했고, 다음의 내용을 담기로 했습니다.

게임 구상하기

게임 제작하기

① 재활용을 통해서 한정된 자원을 재사용하는 것은 매우 중요합니다.

② 재활용을 통해 쓰레기 양을 줄일 수 있습니다.

③ 게임 속의 활동을 통해 재활용(업사이클링)이 이루어지는 과정과 단계를 표현합니다.

④ 게임 속 캐릭터의 질문을 통해 자기 자신을 성찰하는 시간을 갖도록 합니다.

게임 제작을 위해 우리는 여러 번의 회의를 거쳐 캐릭터를 만들고 시나리오를 짰습니다. 인터넷에서 게임 제작 방법을 담은 동영상을 찾아 공부하고, 친구들과 함께 모의 실험을 하며 수정과 제작의 과정을 반복한 결과, 게임을 완성했습니다. 우리가 만든 게임은 스크래치 3.0 이외에 앱으로 만들기 쉬운 '유니티'같은 다른 게임 제작 툴을 사용하면 사용자가 쉽게 다운받을 수 있는 장점이 있습니다. 또한 게임 캐릭터(리피아)가 모험하는 방식 이외에도 '슈팅게임'같은 다른 게임 방식을 사용하여 제작할 수도 있습니다.

※ 게임 'RE' 시연 동영상 https://www.youtube.com/watch?v=Vf6Ai2YCEuA

우리가 만든 게임 캐릭터 '리피아'

느낀 점 나누기

게임 제작 중에 코딩으로 구현하기 위해 지속적으로 머릿속에서 생각을 많이 하게 되면서 창작의 고통을 느꼈습니다. 좋은 작품을 창작하기 위해서는 많은 시간 투자와 열정이 필요함을 알게 되었습니다. 게임 속에 등장할 그림을 그릴 때에도 시각적인 면을 잘 표현하기 위해 노력했습니다. 팀원과 협력하여 작업을 할 때 소통에 대한 중요성도 느끼게 되었고, 완성된 작품을 보았을 때 뿌듯하여 성장할 수 있는 계기가 되었습니다.

내가 살고 있는 자연환경의 소중함을 제대로 모른 채 지냈던 지난 세월들을 생각하면 절로 한숨이 나옵니다. 쓰레기 함부로 버리지 않기, 텀블러 사용하기, 일회용품 최대한 멀리하기 등을 사소하게 생각하며 그동안 실천하려는 마음이 부족했던 것 같습니다. 많은 사람들의 실천력을 높이기 위해서는 내가 먼저 모범을 보여야 하고, 주변 사람들을 격려해야 한다는 것을 깨닫게 되었습니다. 지금 당장 한 번에 현실의 환경 문제를 해결하는 것은 어렵지만, 우리가 사람들의 행동을 변화시키고자 게임을 만든 것처럼, 앞으로도 계속 내가 할 수 있는 것에 최선을 다하면서 살아가고자 합니다.

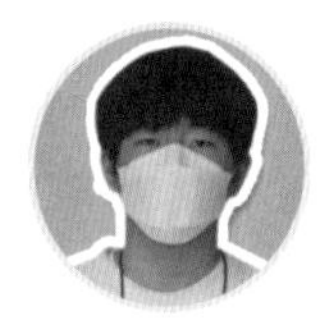

참고사이트

- 코딩으로 미로 만들기(https://www.youtube.com/watch?v=AlsbY_IL-g4)
- 고양이를 피하는 생쥐만들기(https://www.youtube.com/watch?v=jgE8JVr9HTU)
- 재활용의 발견(https://www.youtube.com/watch?v=NVXvvyKiEFU)
- 스크래치 3.0 강의(http://cafe.naver.com/gubass)
- 올바른 쓰레기 분리배출 방법(sharehouse http://sharehows.com/how-to-separate-trash)
- 종이류 배출법(https://blog.naver.com/mesns/221833685904)
- 폐플라스틱 재활용 기술 1.물질 재활용 2.화학적 재활용 3.열적 재활용(https://post.naver.com/viewer/postView.nhn?volumeNo=27935928&memberNo=41226869)
- 알루미늄 캔 재활용 3가지 방법 1.캔들 홀더 2.정리함 3.알루미늄 캔 화분(https://steptohealth.co.kr/how-to-reuse-aluminium-can/)

'늘품' 팀을 향한 박사님의 총평!

검토자 소속: 국립생태원 생태계서비스팀

검토자 성명: 권용성

늘품 여러분이 개발한 게임은 단순히 즐길 거리로써의 게임을 넘어선 그 무언가라는 생각이 듭니다. 여러분들은 게임을 만들기 전부터 현재 우리가 당면한 문제에 대해 고민하였습니다. 또한 설문과 자료 조사를 통해 요즘 주목받고 있지만 아직 인식이 낮은 업사이클링을 주제로 선정하였습니다. 여러분이 선정하고 관심 갖은 주제인 분리배출과 업사이클링은 많은 사람들이 공감하고 필요성을 체감하는 문제임이 분명합니다. 공감과 참여를 이끌어 내는 데 성공한 것을 칭찬하고 싶습니다.

또한 게임을 통한 인식의 증진은 굉장히 창의적인 접근이며 게임이 일상화된 사회에서 효율적인 홍보 수단이 될 수 있다고 생각됩니다. 언젠가 여러분들의 또래 친구들과 함께 게임을 즐겨 보고 난 후기를 들려주길 기대하겠습니다. 보고서에서 언급한 다른 장르의 게임 또한 신선한 도전이라고 생각됩니다. 그 예로, 게임의 이야기를 통해 정보를 전달할 수 있으며 게임을 진행하는 방법으로 정보를 전달할 수 있습니다. 앞으로도 늘품이 생각하는 문제에 대해 창의적으로 해결해 나갈 수 있기를 바랍니다. 늘품의 융합적 미래를 응원하겠습니다.

ECO

함께 탐구해보기

우리 동네 가로수의 우산서비스를 탐구해 보자

① 우리 동네 가로수 아래에서 비를 얼마나 피할 수 있는지 탐구해 보자.

② 비를 피하기 가장 좋은 가로수는 어떤 종류의 가로수인지 탐구해 보자.

① 우리 동네에서 가로수가 잘 조성된 지역을 찾는다.

② 모양과 크기가 동일한 입구가 넓은 플라스틱 용기 6개를 준비한 후, 비가 오는 날에 3개는 가로수 아래에 놓고 나머지 3개는 가로수가 없는 인도 위에 설치한다.

③ 30분 동안 가로수 아래와 가로수가 없는 인도 위에서 각 용기에 빗물을 받는다.

④ 각 용기에 30분 동안 모인 빗물의 양을 메스실린더를 이용하여 측정한 후, 가로수 아래와 가로수가 없는 인도 위의 평균값을 구하고 그 결과를 기록한다.

⑤ 위 탐구과정(1~4)을 이용하여 우리 동네의 가로수 중 우산효과가 가장 큰 가로수 나무의 종류는 무엇인지 비교해 보자.

1. 가로수의 우산효과 알아보기

구분	가로수 아래			가로수가 없는 인도 위		
	1회	2회	3회	1회	2회	3회
떨어진 빗물의 양(mL)						
평균값(mL)						
모인 빗물의 비율						

2. 가로수 나무의 종류에 따른 우산효과 비교하기

구분	가로수가 없는 인도 위			(　　)나무 가로수			(　　)나무 가로수		
	1회	2회	3회	1회	2회	3회	1회	2회	3회
떨어진 빗물의 양(mL)									
평균값(mL)									
모인 빗물의 비율									

3. 위 탐구 결과를 보고 우리 동네 가로수의 우산효과에 대해 알게 된 점을 간단히 써 보자.

4. 비를 피하기 가장 좋은 나무는 어떤 나무인가? 그리고 그 이유는 무엇 때문이라고 생각하는가?

① 우산효과 외에 가로수가 우리에게 주는 재미있는 혜택은 무엇이 있는지 토의하여 정해 보자.

② 1에서 정한 가로수의 재미있는 혜택을 과학적으로 알아볼 수 있는 탐구 활동을 계획하여 탐구해 보자.

① 가로수의 우산효과와 생태계서비스의 상관관계를 홍보해 보자. 가로수 중 우산효과가 우수한 나무 캐릭터를 주인공으로 한 게임 스토리를 만들어 보자.

② 생태계서비스 중 가로수가 우리에게 주는 문화서비스에는 어떤 것들이 있는지 스마트기기의 대중화로 확산된 '스낵 컬처(snack culture)'에 적절한 콘텐츠를 만들어 보자.

참고할 내용

'스낵 컬처(snack culture)'란 과자를 먹듯 5~15분의 짧은 시간에 문화 콘텐츠를 소비한다는 뜻이다. 웹툰, 웹 소설과 웹 드라마가 대표적인 스낵 컬처다. 시간과 장소에 구애받지 않고 즐길 수 있는 스낵처럼 출퇴근 시간이나 점심시간 등 짧은 시간에 간편하게 문화생활을 즐기는 라이프 스타일 또는 문화 트렌드를 말한다(「네이버 지식백과」, ICT 시사상식 2017, 2016.12.20.).

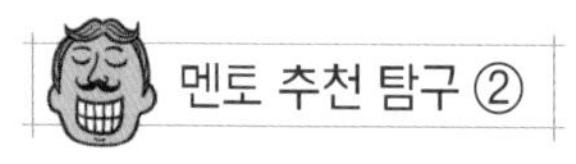

간이 백엽상을 만들어 우리 동네 숲의 생태계서비스를 탐구해 보자

① 간이 백엽상을 제작하며 백엽상의 원리를 알아본다.

② 우리 동네 숲의 온도와 습도 조절서비스를 알아본다.

(1) 간이 백엽상 만들기

① 흰색의 코팅지를 잘라 가로 30㎝, 세로 25㎝, 높이 30㎝의 밀폐된 육면체 상자를 2개 만든다.

② 육면체 상자의 마주 보는 두 옆면에 길고 좁은 틈을 내어 공기가 잘 통하도록 한다.

③ 육면체 상자의 다른 한쪽 면에는 여닫을 수 있는 입구를 제작한다.

④ 제작한 각 간이 백엽상 내부에 온도계와 습도계를 설치한다.

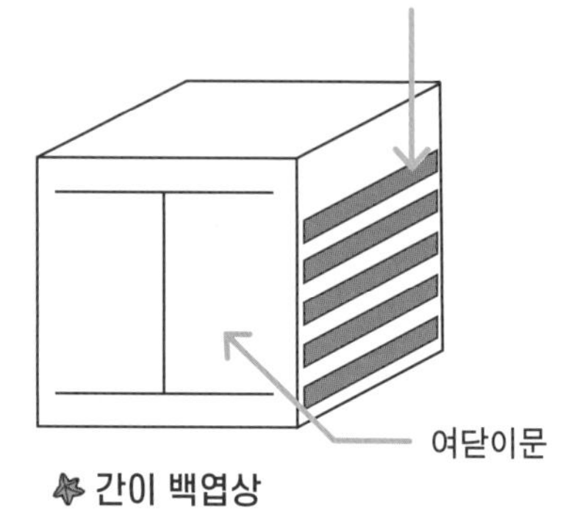

간이 백엽상

(2) 우리 동네 숲의 온도와 습도 조절서비스 탐구하기

① 우리 동네 주변의 숲속과 나무가 없는 공터(또는 주택지)를 한 곳씩 정하여 제작한 간이 백엽상을 1.5m 정도의 높이로 각각 설치한다.

② 맑고 건조한 날과 비 오고 습한 날 각각에 각 백엽상 내부에 설치된 온도계와 습도계를 보고 온도와 습도를 표에 기록한다.

장소	맑고 건조한 날 (2021.00.00. 00시~00시)		비 오고 습한 날 (2021.00.00. 00시~00시)	
	기온(℃)	습도(%)	기온(℃)	습도(%)
동네 숲				
공터				

(1) 간이 백엽상의 원리

① 간이 백엽상에 공기가 잘 통하도록 구멍을 뚫는 이유가 무엇일까?

② 간이 백엽상을 흰색으로 만드는 이유가 무엇일까? 검은색으로 만들었다면 탐구 결과는 어떻게 달라졌을까?

③ 간이 백엽상을 지면으로부터 1.5m 높이에 설치하는 이유가 무엇일까?

(2) 우리 동네 숲의 온도와 습도 조절서비스 탐구 결과

① 동네 숲과 공터에서 측정한 온도와 습도를 비교하고 우리 동네 숲이 주는 혜택은 무엇인지 토의하고 정리해 보자.

② 우리 동네의 숲이 기온과 습도를 조절하는 효과가 있다면 그 이유는 무엇인지 알아보자.

③ 우리 동네 숲의 기온과 습도 조절서비스를 좀 더 자세히 알아보기 위해서 추가로 무엇을 탐구하면 좋을지 생각해 보고 탐구 과정을 설계해 보자.

① 독창적인 표현 방법(인터뷰 형식, 중계 형식, 스톱모션 애니메이션 형식 등)을 적용하여 실험 과정을 동영상으로 제작한 후 공유 사이트에 올려 보자.

② 우리 동네 숲의 온도와 습도 조절 서비스를 '나만의 생태계서비스 평가지표'로 평가한 후 이를 인포메이션 그래픽으로 표현해 보자.

참고할 내용

- '생태계서비스 평가지표'는 생태계서비스의 경향과 특성을 효과적으로 전달하기 위한 정보로서 정책입안자들이 그 변화율과 경향 상태를 이해하도록 만들어주는 것이다(『생태계서비스 평가를 위한 가이드라인』(국립생태원, 2017) 참고).
- '나만의 생태계서비스 평가지표'의 예시: '나의 입꼬리'를 나만의 평가지표로 삼고, 대기질이 좋아질수록 나의 입꼬리가 올라가는 각도를 수치로 표현하여 생태계서비스의 정도를 시각적으로 표현해 보는 활동.

편집 및 감수

〈생태지식 멘토〉

주우영 국립생태원 생태계서비스팀
최태영 국립생태원 생태계서비스팀
정다예 국립생태원 생태계서비스팀
정필모 국립생태원 생태계서비스팀
이경은 국립생태원 생태계서비스팀
권혁수 국립생태원 생태계서비스팀
권용성 국립생태원 생태계서비스팀
김일권 국립생태원 생태계서비스팀
김성훈 국립생태원 생태계서비스팀

〈탐구 활동 멘토〉

고문선 국립생태원 생태교육부
최선해 국립생태원 생태교육부
이병학 국립생태원 생태교육부
강종현 국립생태원 생태교육부
강수희 국립생태원 생태교육부
이창봉 인천과학고등학교
이금례 인천마전고등학교

지도 교사

황인랑
홍석현
최은진
최란
정의완
정영희
이주현
이은진
이덕순
앙혜민
신말순
배은영
박바로가
김종옥
김승은
김수연
김다현

참가 학생

이름	학교
김세인	서울 영중초등학교
윤예준	서울 영중초등학교
윤예담	서울 영중초등학교
김영준	서울 영중초등학교
김연우	부원여자중학교
이예지	부원여자중학교
안지윤	부원여자중학교
노해린	부평서여자중학교
강주현	진영여자중학교
박소현	진영금병초등학교
이소정	진영여자중학교
이유현	진영금병초등학교
김규빈	인천 세일고등학교
김민형	인천 세일고등학교
박승주	인천 세일고등학교
송예준	인천 세일고등학교
이도현	순창 중앙초등학교
이건우	서천 부내초등학교
이다은	순창 중앙초등학교
이현우	서천 부내초등학교
김준형	세종과학예술영재학교
박상준	세종과학예술영재학교
김소연	세종과학예술영재학교
조현영	세종과학예술영재학교
엄재윤	익산중학교
김하율	부여 백제초등학교
박순형	익산 영등초등학교
김종하	수원 정천초등학교
박서영	성남 초림초등학교
이서준	성남 불곡초등학교
한지후	군포 당정초등학교
구에스더	정읍여자중학교
안지민	정읍여자중학교
이혜인	정읍여자중학교
장유진	정읍여자중학교
류현서	대구 덕성초등학교
박준규	대구 덕성초등학교
정지원	대구 명덕초등학교
임성현	대구 중앙초등학교
황서현	대구 유가초등학교
배소율	대구 칠곡초등학교
황지현	대구 유가초등학교
김민서	경주 화랑고등학교
엄민성	경주 화랑고등학교
조유현	전주 양현중학교
이윤서	전주 송천초등학교
이윤형	전주 송천초등학교
조유정	전주 양현초등학교
이선우	군산 당북초등학교
이소영	군산 당북초등학교
이호천	군산 당북초등학교
임정민	군산 당북초등학교
김보미	군산 부설초등학교
김서현	군산 미장초등학교
정다율	군산 미장초등학교
정다인	담양 한빛고등학교
오중원	담양 한빛고등학교
김애리	담양 한빛고등학교
이준표	대전 유천초등학교
한승우	대전 샘머리초등학교
서지원	대전 가장초등학교
서지연	대전 가장초등학교

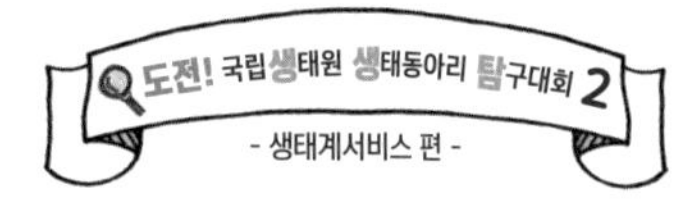

자연은 우리에게 어떤 혜택을 줄까?

발 행 일 2021년 8월 24일 초판 1쇄 발행
엮 음 국립생태원
발 행 인 박용목
책 임 편 집 고문선
편 집 최선해
본문 구성·진행 조경민
디 자 인 이보옥
그 림 강무선
원 고 및 사 진 제7회 생태동아리 탐구대회 참가자 (17개 동아리 79명)
발 행 처 국립생태원 출판부
신 고 번 호 제458-2015-000002호(2015년 7월 17일)
주 소 충남 서천군 마서면 금강로 1210 / www.nie.re.kr
문 의 041-950-5999 / press@nie.re.kr

ISBN 979-11-6698-015-2

- 국립생태원 출판부 발행 도서는 기본적으로 「국어기본법」에 따른 국립국어원 어문 규범을 준수합니다.
- 동식물 이름 중 표준국어대사전에 등재된 경우 해당 표기를 따랐으며, 우리말 표기가 정립되지 않은 해외 동식물명과 전문용어 등은 국립생태원 자체 기준에 의해 표기하였습니다.
- 고유어와 과(科)가 합성된 동식물 과명(科名)은 사이시옷을 불용하는 국립생태원 원칙에 따라 표기하였습니다.
- 두 개 이상의 단어로 구성된 전문 용어는 표준국어대사전에 합성어로 등재된 경우에 한하여 붙여쓰기를 하였습니다.
- 이 책에 실린 글과 그림의 전부 또는 일부를 재사용하려면 반드시 저작권자와 국립생태원의 동의를 받아야 합니다.